本专著出版受国家自然科学基金（62271193）、河南省自然科学基金（222300420433）、河南省高校科技创新人才支持计划项目（21HASTIT030）和河南省高校青年骨干教师培养计划项目（2020GGJS073）资助。

无人机原理及其综合应用

孙力帆 / 著

中国原子能出版社

图书在版编目(CIP)数据

无人机原理及其综合应用 / 孙力帆著 . -- 北京 :
中国原子能出版社 , 2022.7
ISBN 978-7-5221-2026-3

Ⅰ . ①无… Ⅱ . ①孙… Ⅲ . ①无人驾驶飞机 Ⅳ .
① V279

中国版本图书馆 CIP 数据核字（2022）第 135384 号

内容简介

无人机作为高科技智能化产品，应用领域非常广泛。我国的无人机技术起步较晚，但已经取得了非常耀眼的成绩。本书系统全面地对无人机进行了科学的论述，主要内容包括基础理论介绍，无人机结构与工作原理，无人机航拍技术、无人机植保技术、无人机测绘技术、无人机导航定位技术、无人机安防技术、无人机通信技术、无人机图像处理技术及应用，以及无人机当前困境与发展愿景。本书重视理论性与实用性，语言简练，内容全面，适合遥感、测绘、环境检测等相关领域的科研人员阅读。

无人机原理及其综合应用

出版发行 中国原子能出版社（北京市海淀区阜成路 43 号 100048）
责任编辑 张 琳
责任校对 冯莲凤
印　　刷 北京亚吉飞数码科技有限公司
经　　销 全国新华书店
开　　本 710 mm × 1000 mm 1/16
印　　张 14.5
字　　数 226 千字
版　　次 2024 年 3 月第 1 版 2024 年 3 月第 1 次印刷
书　　号 ISBN 978-7-5221-2026-3 定　　价 98.00 元

网　　址：http://www.aep.com.cn E-mail:atomep123@126.com
发行电话：010-68452845

PREFACE 前言

无人机，也被称为无人驾驶飞机，是指利用无线电遥控设备和自备的程序控制装置操纵的不载人飞机。机上无驾驶舱，但安装有自动驾驶仪、程序控制装置等设备。地面、舰艇上或母机遥控站人员通过雷达等设备，对其进行跟踪、定位、遥控、遥测和数字传输。

近几年，无人机技术迅速发展起来。作为高科技智能化产品，无人机早已不仅限于早期的军事装备，如今应用的领域也越来越广泛，如国土测绘与调查、无人机遥感数据采集与处理、环境监测、电力巡查、农业植保、影像航拍、摄影测量等领域。

无人机经过百余年的发展，技术和产品已经相对成熟。与美国、以色列及欧洲等国相比，我国的无人机技术起步较晚，但现阶段已得到了国家的高度重视。随着资本的融入、创业企业的崛起和老牌巨头的布局，无人机大“势”已成，一波由无人机引发的空中机器人革命浪潮已经到来。在机械智能化时代，无人机已经在很多领域代替“有人飞行器”作为“空中机器人”进行工程应用。无人机具有高效、简单、成本低廉、安全等特点，越来越受到普通消费者的青睐。现在，无人机虽然还谈不上是家喻户晓，但其销量、企业数量、媒体热度和融资金额都在最近几年间出现了指数型增长。这是无人机发展100多年来，首次获得如此巨大的关注，是无人机从军用转向民用以来，首次呈现出如此巨大的应用潜力和商业价值。

为了对无人机有更加清楚的了解，作者借鉴和参阅了不少资料，并在此基础上写作了《无人机原理及其综合应用》。本书系统全面地对无人机进行了科学的阐述，全书共计7章，第1章无人机概述，对无人机定义及分类、无人机技术发展、无人机飞行安全进行介绍；第2章分析了无人机结构与工作原理；第3章~第6章介绍了无人机航拍技术、无人机植保技术、无人机测绘技术、无人机导航定位技术、无人机安防技术、无人机通信技术、无人机图像处理技术及应用；第7章讨论了无人机当前困境与发展愿景。本书的重点在于论述无人机的相关技术应用，适合遥感、测绘、环境检测等相关领域的科研人员作为技术参考书籍，也可作为无人机爱好者的自学书籍。

本书在写作过程中，侧重于无人机的理论性、实用性探讨，由于无人机专业限制，可能存在某些学术缺陷；另因时间仓促，水平有限，书中难免有不当之处。对此，希望各位专业学者不吝指正，笔者一定加以修改和完善。

作　者

2022年4月

CONTENTS 目 录

第1章　无人机概述

什么是无人机？不少人对此都有一些疑惑。其实很简单，大家可以想象一下：飞机没有飞行员，用一台计算机代替人操纵交通工具，这就是无人机。只不过，“无人机”（Drone）的定义并不是很清晰。

无人机的名称来自雄蜂（honeybeedrone），这种生物飞行时全无头脑，受控于远处的蜂王。用经过编程的微控制器作为自动驾驶仪的机器，飞机工作方式也很类似，但这是依靠科技的帮助。

被描述为“无人机”的设备有两个大类。

第一种是“自主式机器人”，其操纵者在必要的时候主动控制，在其余时间内由自动驾驶仪接管，理论上一名操纵者可以管理多个设备。但是，在有必要时，操纵者可以禁用自动驾驶仪，夺取控制权。

第二大类包括四轴直升机和其他“类直升机”飞行器。人们有时候称它们为无人机，但是它们大部分只是无线电遥控（RC）模型，并没有自主能力。这两种定义的合并可能是因为多旋翼（multirotors）飞行器最近已经成为自动驾驶仪驱动、基于微控制器的自主飞行的极佳平台。

在各种新闻报道中出现无人机，特别是有关无人驾驶飞行器在远离操作者半个世界的地方向目标发射导弹的战场报道。然而，并不是所有的无人机都用于战争，有些无人机是“和平”的无人机。

NASA的预算削减将这些遥控设备的研究推到了聚光灯下——首要的是火星漫游车。这些遥控“滚筒”的出色表现远远超出了NASA工程师的期望。

政府使用的无人机是一回事，但是业余爱好者也能使用无人机吗?

答案是“当然可以”。一般无人机爱好者、能工巧匠和小企业主都可以制作和操纵自己的无机。例如，酿酒师放飞配备摄像机的四轴直升机（小型四旋翼直升机），无须离开房间就可以观察葡萄架上植株的状态。使用类似飞行器的其他企业家颠覆了航空摄影业务，消除了全尺寸直升机的需求。Amazon和其他公司正在探索无人机包裹运送服务。

无人机爱好者们操纵大量的四轴直升机，创造了无人机相互竞争的新游戏，他们在自己的创造中加入了从摄像机到气压传感器和超声波测距仪在内的各种装置。同时，巨大的教育市场已经发展起来，青少年开始使用LEGO Mindstorms和VEX等拼装玩具组装自主式机器人。

由此可见，无人机的应用是越来越广泛。

1.1 无人机定义及分类

1.1.1 无人机的定义

无人机是无人驾驶飞行器（Unmanned Aerial Vehicle，UAV）的简称，是指不搭载操作人员（简称“飞行员”或“驾驶员”）的一种动力航空飞行器，它利用空气动力为其提供所需的升力，能够携带有效载荷进行全自动飞行或无线引导飞行。无人机既能一次性使用，也能进行回收或自动着陆，以便进行多次重复使用。

无人机主要是利用无线电遥控设备和自备的程序控制装置操纵的飞行

器。不同文献对于无人机的定义也不尽相同。2002年1月，我国出版的《国防科技名词大典·航空》将无人机定义为“不用驾驶员或者驾驶（操作）员不在机上的飞机”。

目前，学术界普遍认同的是2002年1月美国联合出版社出版的《国防部军事术语词典》（DOD Dictionary of Military and Associated Terms）中对无人机的定义：“无人机是指由动力驱动、不搭载操作人员的一种空中飞行器，采用空气动力为飞行器提供升力，能够自主或遥控飞行，既能一次性使用也能回收、能够携带杀伤性或非杀伤性任务载荷。”

然而，并不是所有无人驾驶的航空器和航天器都称为无人机，例如卫星、气球、导弹等都不属于无人机。这里特别要提醒读者注意无人机与巡航导弹的区别：①无人机在飞行结束后是可以进行回收的，而巡航导弹是一次性的，不能回收；②无人作战飞机虽然可以携带弹药，但弹药与无人机机体是分开、相对独立的，而巡航导弹的作战弹头是被整合在弹体内的。

1.1.2 无人机的分类

由于进入门槛低、大量现成技术可以应用、市场潜力巨大等原因，世界无人机技术近年来获得了迅猛发展，形成了型号种类繁多、形态各异、丰富多彩的现代无人机家族。并且随着无人机系统的种类日益繁多，其用途越来越广泛，特点越来越鲜明，同时其在尺寸、质量、航程、航时、飞行高度、飞行速度、任务载荷等方面的差异也越来越大。无人机传统的分类方法是按其产生升力的结构部件、动力装置的类型、无人机的用途和飞行性能等进行分类，其中最基本、最重要的分类方法有以下几种。

1.1.2.1 按无人机产生升力的结构部件分类

无人机按照其产生升力结构部件的不同，可以划分为固定翼无人机和旋翼无人机两大类。

（1）固定翼无人机。

固定翼无人机是指无人驾驶固定翼飞机，其总体结构的组成与有人固定翼飞机的总体结构基本类似。除了少数特殊形式的固定翼无人机外，大多数固定翼无人机总体结构都由机翼、机身、尾翼、起落装置和动力装置5个主要部分组成。

固定翼无人机的升力是由位于机身两侧的固定机翼所产生的。机翼的剖面（机翼弦平面）称为翼型，翼型上下表面形状是不对称的，固定翼无人机在空中飞行的时候，机翼将气流切割成上、下两个部分，空气沿机翼上表面运动的距离更长，自然流速更快，根据伯努利定理，速度越快，气压越小，这样机翼上下表面的压力差就提供了向上的升力。固定翼无人机向前飞得越快，机翼产生的气动升力也就越大。当升力大于重力时，固定翼无人机就可以向上爬升，反之，当升力小于重力时则下降。

有的机翼为对称形状，气流沿着机翼对称轴流动时，由于机翼两个表面的形状一样，因而气流速度一样，所产生的压力也一样，此时机翼不产生升力。但是当对称机翼以一定的倾斜角（称为攻角或迎角）在空气中运动时，就会出现与非对称机翼类似的流动现象，使得上下表面的压力不一致，从而也会产生升力。

固定翼无人机具有续航时间长、飞行速度快、飞行效率高和载荷大等优点，缺点是起飞降落时机场需要有长距离跑道、不能进行空中悬停等。

例如，由美国航空环境公司（AeroVironment）研制的“黑寡妇”（BlackWidow）固定翼微型无人机，其翼展15 cm，重56.7 g，任务载荷7 g，航程3 km，飞行速度69 km/h，室外续航时间20 min，公司的目标是室外续航时间最终达到1 h。动力装置采用的是电动机，锂电池供电，双叶螺旋桨驱动。任务载荷为黑白摄像机以及下行传输链路。发射和回收方式为气压式弹射发射，滑翔降落。这架无人机是1996年按照美国国防预研局要求研制，当年进行气动布局和构造选型时，不带任务载荷的原型机在年底试飞了2 min；1997年经过改进后的机型巡航时间达到了16 min；直至1999年3月，该机的续航时间达到了20 min，创造了本级别飞行器的多项记录。飞行试验表明，黑寡妇的隐蔽性很好，很难看见或听到它，其电动机的声音比鸟叫声还要小很多，因此人们无法确定它的方位。

（2）旋翼无人机。

旋翼无人机是指具有一个或多个由发动机驱动的旋转机翼（旋翼），具备垂直起落和空中悬停飞行性能的无人航空飞行器，其总体结构的组成与有人直升机大致相同。

旋翼由桨毂和数片桨叶构成。桨毂安装在旋翼轴上，形如细长机翼的桨叶则连在桨毂上，一副旋翼最少有两片桨叶，最多可达8片。旋翼无人机的旋翼转轴都近于铅直，每片桨叶的工作原理类似于固定翼无人机的一个机翼。旋翼桨叶静止时在重力作用下下垂。

当旋翼在动力装置的驱动下在空气中高速旋转时，沿半径方向每段桨叶上产生的空气动力在旋翼轴方向上的所有分量的合成力，即为桨叶的总升力，所有桨叶的总升力合成构成旋翼总拉力，起到克服旋翼无人机重力的作用。旋翼的桨叶在升力作用下，绕桨毂水平铰向上挥舞，形成一个倒锥体，桨叶与桨毂旋转平面之间的夹角称为锥体角。锥体角的大小取决于桨叶升力及离心力两者的大小：桨叶升力越大，锥体角越大；桨叶转动的速度越大，桨叶产生的离心力越大，锥体角越小。

旋翼由发动机驱动给周围空气以扭矩，根据物体作用力与反作用力的物理学基本原理，空气必定以大小相等、方向相反的扭矩作用于旋翼，继而传递到机体上。如果不采取补偿措施，这个反扭矩将使机体发生逆向旋转。

为了消除旋翼反扭矩作用，以保持旋翼无人机机体的航向，可以采用不同的补偿方式，在设计上也就出现了不同构造形式的旋翼无人机。

a.单旋翼式。单旋翼带尾桨式只有一个主旋翼，采用尾桨推力来平衡主旋翼反扭矩。这种形式是传统直升机中最流行的形式，在结构上要比双旋翼无人机简单，但要多付出尾桨的功率消耗。例如，曙光5-A-01伞降无人直升机，是一款单旋翼无人直升机。这架无人机的尺寸为机身长2620 mm × 机身宽296 mm × 机身高990 mm，装配了2台涡轮轴发动机，飞行高度可以达到7 km，空机质量38 kg，最大起飞质量80 kg，续航时间1.5 h。该机使用独特设计的“降落伞应急故障安全系统”，遇到突发事件时可以有效实现无人机伞降。

b.双旋翼共轴式。两旋翼在同一轴线上，相逆旋转，因此反扭矩彼此相消。这种形式的无人机外廓尺寸较小，但传动和操纵机构复杂。

c.双旋翼纵列式。两个旋翼纵向前后布置，相逆旋转，反扭矩彼此相消。这种形式的优点是机身宽敞，容许机体重心位置移动较大；缺点是后旋翼的空气动力效能较差。

d.双旋翼横列式。两个旋翼左右安装在支臂或固定机翼上，相逆旋转，反扭矩彼此相消。这种形式的优点是构造对称、稳定性和操纵性较好；缺点是迎面空气阻力较大。

e.多旋翼式。旋翼数量多达4个或4个以上，通常分为4个、6个、8个、12个、16个、18个、24个、36个旋翼等，每两个旋翼相逆旋转，因而反扭矩彼此相消。

f.其他形式。为了提高旋翼飞行器的有效载荷、前飞速度、升限和航程等性能，人们设计研制出了一些特殊形式的旋翼飞行器，如复合式、组合式、倾转旋翼式、涵道式等。

其中值得一提的是倾转旋翼式，这种形式的旋翼无人机有固定机翼，两个旋翼分别安装在固定机翼的两端。在起飞时它就像双旋翼横列式无人机那样垂直起飞，起飞后旋翼轴相对于机体逐渐向前转动，逐渐转入前飞状态，过渡到平飞时就能像普通的固定翼无人机那样，依靠固定机翼产生向上的升力支撑机体重量，以及依靠转轴近乎水平的旋翼产生向前的拉力，牵引旋翼无人机向前飞行，其飞行速度能提高2倍多，达到600 km/h。如图1–1所示为贝尔直升机和阿古斯塔在第42届巴黎航展上展示的他们合作的产品BA609民用倾转旋翼机。

图1–1　BA609

例如，“鹰眼”倾转旋翼无人机，是一款复合式布局无人机，由单发重油发动机提供动力驱动双螺旋桨/旋翼的飞行器，发射和回收方式为垂直或短距起飞，垂直着陆。美国波音公司与贝尔直升机公司1986年开始合作设计研究垂直/短距起飞无人机，利用V–22飞机的倾斜旋翼技术产生了D–340“瞄准手”（Pointer）飞行验证机，1988年11月首次试飞。但在1989年9月该机经过12.5 h的试飞和40 h的风洞试验后，双方结束了合作伙伴关系。“鹰眼”无人机最初由贝尔设计，用于海军炮火支援、战斗毁损评估、超视距导向目标、通信和数据中继及电子对抗。“鹰眼”倾转旋翼无人机的翼展约4.63 m，质量为1 293 kg，可以64 km/h的速度飞行30~60 min。“鹰眼”大约在2006年进入现役，它的升限是20 000英尺（约合6 096 m），续航时间约为5 h。装备有搜寻海上目标的摄像机、雷达或其他传感器。与传统的有人驾驶飞机相比，它们的采购、维护和运营成本都要低得多。据军方估计，一架“鹰眼”无人机的成本为250万~300万美元。无人机可以从海岸警备队的巡逻舰上发射，通过舰载工作站或地面工作站进行控制。“鹰眼”垂直起飞与着陆无人机是一种成本低、收益高的无人机系统，可实时搜集重要的情报，监视和侦察信息，支持封锁系统，使美国海岸警卫队能对许多重要任务作出响应。

1.1.2.2 按无人机动力装置分类

无人机是一种自身密度大于空气密度的航空飞行器，其升空飞行的首要条件是需要有动力，即所谓的动力飞行，有了动力无人机才能产生克服重力所必需的升力。人们把无人机上产生拉力或推力、使其前进的一套装置称为无人机的动力装置，包括无人机的发动机以及保证发动机正常工作所必需的系统和附件。

发动机是能够把其他形式的能转化为机械能，并进而产生拉力或推力的机器，是无人机动力装置的核心，被称为无人机的心脏。发动机特性的优劣对无人机的各种飞行性能和使用性能都有很大影响，有了适用的发动机，无人机才能实现真正有动力、可控制的飞行。对于无人机这一类航空飞行器来说，由于其结构大小、飞行空域、速度、高度和用途等的巨大差异，它可以使用的发动机有好几种，常用的发动机有电动机和航空发动机两大类。

（1）电动机。电动机是将电能转换成机械功的动力装置。直流电动机是目前微型、轻型和小型无人机使用最多、应用最广的动力装置。电动机运转所需的能量由聚合物锂电池或新能源方式（如燃料电池）提供，其作为航空动力装置的优点是结构简单、调速快捷、能源清洁、使用方便，缺点是采用电池供电，其续航能力和载重能力都受到很大的限制。

（2）航空发动机。油动型无人机采用航空发动机作为动力装置。航空发动机是一种燃油发动机，是将燃料热能转换成机械功的动力装置，属于热机范畴。其优点是无人机飞行的续航时间和航程基本不受限制，与电动型无人机相比较，具有载荷大、航程远、续航时间长等优点。

1.1.2.3 按无人机质量分类

无人机的质量通常分为两种，空机质量和全质量。空机质量是由机身、机翼或旋翼、尾翼或尾桨、发动机、起落架、电池或燃油、机内设备等所有部件的质量相加组成的；全质量是空机质量加上任务载荷。根据无人机质量大小，民用无人机分为微型、轻型、小型、中型和大型五大类。

（1）微型无人机。微型无人机是指空机质量小于0.25 kg，设计性能同时满足飞行高度不超过50 m、最大飞行速度不超过40 km/h，无线电发射设备符合微功率短距离无线电发射设备技术要求的遥控驾驶航空飞行器。

（2）轻型无人机。轻型无人机是指同时满足空机质量不超过4 kg，最大起飞质量不超过7 kg，最大飞行速度不超过100 km/h，具备符合空域管理要求的空域保持能力和可靠被监视能力的遥控驾驶航空飞行器，但不包括微型无人机。

（3）小型无人机。小型无人机是指空机质量不超过15 kg或者最大起飞质量不超过25 kg的无人机，但不包括微型、轻型无人机。例如，“海鸥”共轴式无人直升机，是北京航空航天大学研制的多用途小型无人直升机。该研发团队是在总设计师胡继忠教授的领导下开展研制工作的。该型机于1995年首飞成功，是我国所有大学中首次研制成功的无人驾驶直升机，填补了我国直升机领域内的又一项空白。“海鸥”的布局为共轴反桨，采用该种形式布局的优点是尺寸小、结构紧凑，可在较小的陆地和甲板上起飞和降落，因此在陆地和海上运载方便。该机机体为轴对称椭球体，无尾翼。机上有两组转向相反的旋翼，产生的扭矩相互平衡。飞行中气流对称，悬停和中速飞行效率高，易于操纵，不存在来自尾桨的故障。扑翼类无人机靠机翼像小鸟的翅膀一样上下扑动来获取升力和动力，适合于小型和微型的无人机。复合式布局无人机由基本布局类型组合而成，主要包括倾转旋翼无人机和旋翼/固定翼无人机。

近年，小型无人机在警用安防领域的地位逐年提升，尤其在交通管理、消防救援、违建查处等领域的优势更为明显。

在交通管理中，无人机不仅可以航拍事故现场，实现画面还原，还可以疏通道路快速排堵，更能进行流量统计、优化交通管理。一旦发生交通事故，无人机可以捕捉直观画面，帮助交管部门掌握涉事车辆的最后位置，快速还原交通事故发生时的场景，为事故责任认定提供数据支持。

同时，利用小型无人机送货可能是未来常见的一种场景。在对未来配送服务的规划中，采用无人机运输，有望在线上下单后30 min内完成配送工作，这样的速度显然是人工快递无法匹敌的。目前，无人机快递已在一些地方开展试运行，并广受消费者的好评。小型无人机在农业植保方面的作用也越来越明显，农业植保体力繁重，劳动强度大，而无人机可代替人工进行植保作业，减轻农民的劳动强度。

现在植保多用旋翼式无人机重量轻，体积小、机动性好，不需要专业跑道，可在草坪和平地随时起降，非常适合复杂地形中的农作物农药喷雾作业。并且在无人机农业作业中，其飞行速度、与农作物距离喷洒高度等都可以根据农作物的需要进行灵活调整，以获取最佳的作业效果。使用红外线技术的无人机同时还能查看农作物是否正常生长。对于大型农场，无人机的用途非常广泛。

小型无人机还可应用于国土资源勘察如矿产资源的调查中。如国家海洋局和国家测绘局就利用小型无人机完成了地表水及浅层地下水资源探察、地质灾害预警、自然灾害和生态环境评价报告等工作。在城市调查、重点工程选址选线、土地资源监测调查工程、矿产资源评价工程等有关工作中，小型无人机也发挥了重要作用。

（4）大中型无人机。中型无人机是指最大起飞质量超过25 kg但不超过150 kg，且空机质量超过15 kg的无人机。大型无人机是指最大起飞质量超过150 kg的无人机。中型、大型无人机，应当进行适航管理。

①军事领域。大中型无人机是目前技术水平最高的一类无人机，其价格极为昂贵，目前主要用于军事，即用于战略战役级侦察监视。它具有以下突出优点：

a.飞得高，看得远。一般飞行高度可达5 km以上，部分机型可达到20 km，对地观测距离大于200 km。

b.飞得久。长航时是大中型无人机的突出特点。一般长航时无人机续航时间可达24 h以上，也可昼夜不停地对热点地区实施侦察与监视。

c.飞得快。采用涡轮喷气发动机作为动力的大型无人机飞行速度可以达到高亚声速，在不久的将来，超声速无人机也会出现。

d.载荷大。可以搭载多种传感器，同时采用各种侦察手段，且侦察的准确性和可靠性高；还可以加挂武器，直接实施对地打击。

在长航时侦察无人机上加装武器就可成为侦察打击一体化无人机。在战时，侦察打击一体化无人机可长时间在目标区域上空巡逻、监视，一旦发现要打击的目标就立刻发射武器予以摧毁。这种“发现即摧毁”的作战形式大大缩短了反应时间，提升了作战速度，加强了作战效果，甚至改变了作战思路，这种改变可被视为无人机推动的一场军事革命。

②未来太空领域。临近太空对增强国家军事力量及和平开发外层空间的重要意义显而易见。近年来随着相关技术的发展，临近太空型飞行器成为国内外航空航天领域研究的热点之一。一般来说，由于高空特性对飞行时的乘员身心素质要求太高，目前临近太空飞行器以大型无人机为主。而临近太空无人机又有高低速之分，其中高速无人机以超高声速飞行器和亚轨道飞行器为代表，低速无人机以大型飞翼、太阳能无人机和临近太空飞艇为代表。目前临近太空大型无人机的相关研发设计正如火如荼地展开，其前景十分广阔，越来越多的人关注并加入临近太空大型无人机的设计、应用和管理的队伍中，为我国太空科研贡献自己的力量。

1.1.2.4 按无人机用途分类

作为科技发展的新宠儿，无人机的应用价值日益凸显。无论是在国内还是在国外，无论是在军事范畴还是在日常生活中，无人机的身影随处可见。无人机按其用途分为军用无人机和民用无人机两大类。

（1）民用无人机。无人机在民用方面应用范围极为广泛，是新时代最重要的创新领域之一。

民用无人机按照应用场景划分，可分为消费级和工业级两类。其中，消费级无人机多用于个人航拍、娱乐等领域；工业级无人机则在农业、气象、勘探、测绘、巡检、物流、救援和消防等众多领域有广泛应用。

（2）军用无人机。军用无人机可分为侦察无人机、诱饵无人机、电子对抗无人机、通信中继无人机、排爆扫雷无人机、察打一体无人机、无人战斗机、靶机和伤员救助无人机等。

如今，军用无人机研制技术水平最高的国家当属美国，从微型无人机“龙眼”“大黄蜂”，轻小型无人机“扫描鹰”，中型无人机“死神”“捕食者”到大型无人机“全球鹰”，无一不显示出美国在军用无人机研制领域的领导地位。据悉，在未来的10年内，美国欲将空军有人战斗机缩减40%，将军用无人机的数量在现有基础上增加4倍。

下面就来介绍几款典型的美国军用无人机。

①“大黄蜂”无人机。“大黄蜂”无人机是由美国国防部高级研究计划局（DARPA）赞助，由美国航空环境公司研制的微型无人机小型系列之一，机身长23 mm（0.9英寸），为手抛式、水平着陆型无人机。这款无人机可以配备综合光电摄像设备，并与红外成像仪更换使用，能够全天候执行4.8 km范围内的低空侦察和监视任务，续航时间为3~5 h。

②MQ系列无人机。MQ-1“捕食者”无人机是一款“中海拔、长时程”（MALE）无人机，可采用软式着陆或降落伞紧急回收。该机机身长8.27 m，翼展14.87 m，最大活动半径3 700 km，最大飞行时速为240 km/h，在目标上空留空时间为24 h，最长续航时间60 h。作为侦察机，该机装有光电/红外侦察设备、GPS导航设备和具有全天候侦察能力的合成孔径雷达，在4 000 km高空分辨率为0.3 m，对目标定位精度为0.25 m。同时MQ-1“捕食者”无人

机还可以携带450磅（约合204.12 kg）的有效任务载荷，并发射两枚AGM-114“地狱火”飞弹。

MQ-9“死神”无人机为MQ-1“捕食者”无人机的升级版，是一种极具杀伤力的新型无人作战飞机。该机翼展长为20 m，空载质量为1 360 kg，最大飞行速度为460 km/h，巡航飞行高度为15 000 m（空载）/9 000 m（满载）。MQ-9“死神”无人机全机具有7个外挂点，配挂多种武器并装有光电/红外任务载荷、激光目标指示器、激光照射器以及合成孔径雷达。同时，该型无人机还可以携带4枚500磅（约合226.80 kg）或者8~10枚250磅（约合113.40 kg）弹药。

③“全球鹰”无人机。“全球鹰”无人机被美国官方誉为“持久自由”行动的图像信息处理器，其高空长航时的性能对于作战而言至关重要（图1-2）。该机支持视距和超视距操作，可向美国空军分布式通用地面站和包括陆军战术开发系统在内的其他节点发送数据。“全球鹰”无人机有RQ-4A和RQ-4B两种基本机型，其中：RQ-4A无人机装有光电、红外和合成孔径雷达传感器；部分RQ-4B无人机装有战场机载通信节点，并配置多平台雷达技术嵌入计划的任务载荷，或者装配高分辨率合成孔径雷达、远距高清相机、地面移动目标指示器等设备。从服役开始，“全球鹰”无人机的表现就让美军十分满意。它在“持久自由”行动中的使用非常成功。“全球鹰”无人机的突出表现证明其作为一种高空长航时的侦察和监视平台的重要价值。现在，“全球鹰”的飞行高度可达近20 000 m，最大航程大于22 000 km，可实现飞行2 000 km抵达战区，之后在战区上空滞留24 h再返回基地。

图1-2 “全球鹰”无人机

1.1.2.5　其他

法国“雀鹰”B无人机是典型的鸭式布局无人机。该款无人机是2006年由法国萨热姆公司正式推出的，是在“雀鹰”A无人机的基础上改进而来。与A型相比，“雀鹰”B的突击攻击能力更强且机翼更大更坚固，可携载更多的有效载荷，并且飞行距离更远，续航能力也更强，可达到12 h。更重要的一点是，“雀鹰”B可以携带制导武器对敌进行攻击。

蝠鲼无人机是飞翼布局无人机。该款无人机是我国天津全华时代航天科技发展有限公司自主研发的。它的特点如下：配置简单，部署灵活，智能化程度高，具有一键式发射/回收/控制的功能，操作简便，性价比高，易于维护，使用成本低。这款无人机尺寸为机身长1 280 mm × 翼展1 800 mm × 机高393 mm，最大起飞质量12 kg，最大有效载荷3.5 kg，巡航速度100 km/h，续航时间为4 h，具有多种起降方式（车载起飞/伞降/气囊减震）。蝠鲼无人机具有汽油发动机装置，能连续采集大范围高精度遥感数据，可搭载各种数码相机进行航拍，还可以搭载小型摄像云台等载荷，可用于侦察、巡逻、灾情监测、海岸缉私等活动，甚至可以改造为军用低速靶机。旋翼类无人机产生升力的旋翼桨叶在飞行时相对于机身是旋转运动的。旋翼类无人机分为无人直升机、多旋翼无人机和无人旋翼机，其中前两种形式的无人机旋翼由动力装置直接驱动，可以垂直起降和悬停，无人旋翼机的旋翼则是无动力驱动的。

1.1.3　无人机的特点

无人机与有人驾驶飞行器（以下简称“有人机”）相比有许多不同之处，包括使用和功能上的差别，而造成这些差别的根本因素就是“人”。无“座舱飞行员”是无人机的主要特点，正是这一特点，造就了无人机使用上的特殊优越性，因此近些年来，在世界各地掀起了一股又一股大规模应用无人机的热潮。

对于任何一种无人机来说，基本上都具备以下几方面的突出优势。

1.1.3.1 适用范围广

无人机能胜任条件恶劣、高危环境下的各种工作，可以毫无顾忌地执行各种高危险任务。在军用方面，无人机可用于重点军事地区的侦察工作。它体积小、隐身性好，不易被敌方防空系统探测到，同时不易被防空火炮或导弹击落，更重要的是，避免了有人机飞行员被俘或失去生命的风险。在民用方面，特别适合用于抢险救灾、消防灭火、巡查监视和灾害普查等，如城市高层建筑消防灭火、扑救森林火灾等。在危险的环境中执行任务，使用无人机可有效地减少人员生命损失的风险。

可见，无人机执行任务的种类比较广泛。相较于有人飞机，无人机更适合执行枯燥无味的任务（例如，农药喷洒），降低人工成本；更适于执行具有危险性、放射性的任务（例如，高空侦察、放射样本采集），避免机载人员伤亡。

1.1.3.2 不怕艰苦

无人机能出色完成单调枯燥、时间长、强度大和重复性的艰苦任务。有人机飞行员在执行这类任务时容易产生疲劳、紧张等状态，使注意力不集中，影响飞行安全及任务完成度。利用无人机执行这类任务，就没有这个问题。例如，在大范围的空中监视中，无人机可携带高清晰、低照度电视及热成像仪或扫描雷达，相比有人机飞行员长时间不休息、不间断地观察，无人机能更有效地完成任务。

1.1.3.3 不怕污染

在被化学、生物、放射性物质及核废料污染的地方执行任务，污染物会对人体及生命产生巨大的危害。由于无人机上没人，就没有这个问题，它可进入受到污染的地方，不用担心人体可能受到的伤害，而且无人机体积小，事后人们更容易清除机身上沾染的污染物。

1.1.3.4 对环境影响小

通常无人机体积小、质量轻、能源消耗少，因而产生的噪声和排放也小。在完成同一任务时，无人机产生的环境影响和污染要小于有人机，因此无人机比有人机更适合应用到电力线往复巡查、物流快递、喷洒农药、边界巡逻，以及输油管路监测和安全保护等。

1.1.3.5 机动性高，隐蔽性好

由于无人机上没有驾驶员，故战斗机高机动过载引起的飞行员身体不适都将不复存在，无人机的设计和飞行完全不需要考虑飞行员的生理承受能力等因素。同时，无人机省去了机载人员及相关设备，其质量、体积都会大大减小，这些有人机无法企及的性能优势大大拓展了无人机的应用空间。

例如，无人机可以飞到有人机无法进入的高空而获得宝贵的高度优势，有利于各种非常规布局以及隐身性的设计，从而增强其突防能力。例如，X-47B隐身无人机采用蝙蝠式机体布局，体积较大；其发射和回收方式为常规轮式起降。

1.1.3.6 起降方式灵活、简便

对无人机进行操作的人员无须亲历现场和进行全面完善的作战培训，同时，无人机可以在各种场合灵活地进行起降和飞行，具有操作灵活的特点。对于中小型的无人机，其起飞方式可以采用弹射起飞或者手抛起飞，降落可以采用伞降或气囊着陆手段，不需机场、塔台等；对于大型无人机也可以大大缩短起飞和着陆的滑跑距离。

1.1.3.7 研制成本低，使用维护方便

无人机内部结构简单，省去了有关人机环境控制以及安全救生设备，从而大幅缩短了设备的研制、人员培训以及后期维修保养等所需的时间，节省了研制费用和驾驶员的训练时间，缩短了研制周期，简化了维修方法。

无人机的研制、生产和使用成本大大低于有人机。由于“机上无人”的原因，无人机在设计时完全不必考虑飞行员的生理需求，减少了各种生命保障系统，因而可以大大简化机载设备和飞行平台的设计要求，结构更简单合理，体积小、质量轻，使得无人机的研制、生产成本远远低于有人机。另外，无人机的使用、训练和维护费用也比有人机低得多。

1.2 无人机技术发展

为了了解无人机的历史，我们可以看一下无人驾驶飞机前世今生的漫长历程，其实它在人类飞行的早期，就与“有人驾驶飞机”并驾齐驱了。但无人机的历史并不光彩，通常是用作威力强大的武器，其实直到现在也是如此。但是近年来，无人机在民用方面得到了长足发展，其正面的形象逐渐地树立了起来，其中不乏用于救生领域。

基于每个人对“无人机”一词的理解不同，有人可能说，无人驾驶飞行早在1849年就有了，那时候奥地利人用气球绑着炸弹攻击了威尼斯。但是根据较为普遍的观点，无人驾驶飞机的首次飞行可追溯至19世纪90年代，德国航空先驱奥托·李林塔尔使用了无人驾驶的滑翔机，对各种轻质升力机翼设计方案进行试验。时至今日，许多具有高度试验性质的飞机的早期设计也采取了李林塔尔的做法，使用无人驾驶飞机来避免勇敢的试飞员在试验中受到伤害。正是使用了这种方法，李林塔尔能够安全地对他各种大胆的设计进行试验，同时也从失败中获得了经验。

差不多在同一时期的1896年，塞缪尔·皮尔庞特·兰利（美国航空先驱）进行了蒸汽动力飞机的试验。有趣的是，他的飞机是借助一个弹射系统起飞的，这种方法直到今天仍在被许多现代的无人机所采用。兰利的非滑翔无人机被称作“Aerodrome”，他成功地让这架无人驾驶的飞机沿波托马克河飞行了1 600 m，虽然仅有短短的1 600 m，但兰利将这次试飞作为后续有人驾驶飞机的飞行试验的一部分。尽管这一项目无疾而终，但这一次的试验飞行在航空史上有着重要的意义：这是第一次成功的长距离有动力无人机的飞行。这次飞行要比莱特兄弟那次著名的第一次飞行提前好几年。

虽然无人驾驶试验飞机成功地实现了飞行，但很快人们就意识到有飞行员操控飞机对于改进设计与研制更加有用。机上有飞行员虽然冒风险，但这个险是值得冒的。莱特兄弟历史性的第一次飞行，向全世界宣告能够利用机翼的翘曲来实现飞机的滚转控制，这一突破使得航空工业在技术上实现了突飞猛进的发展。航空科学能够有今天的面貌，莱特兄弟的成功可谓功不可没。

不久，被誉为“自动驾驶仪鼻祖”的劳伦斯·斯佩里，使用其家族公司发明的陀螺仪制造了第一台自动驾驶仪，这台仪器可协助飞行员们对飞机实施控制。1914年，斯佩里的自动驾驶仪实现了让有人驾驶飞机可以保持直线和水平飞行，这极大地降低了飞行员的工作强度。1916年，斯佩里父子发明了一种陀螺仪，可代替飞行员来稳定飞机这被称为“姿态控制”的开始，进而促使了自动驾驶技术的实现。1917年12月，世界上第一架无人机由Sperry父子研制成功，并被命名为“空中鱼雷”。斯佩里父子操控着这架无人机飞行了超过30英里（约合48.27 km）。但是，由于其工程技术并不成熟，故在两次世界大战中，无人机并没有得到实际应用。

差不多在同一时期，阿奇博尔德·劳教授在无线电制导系统的发展中发挥了重要作用，这个系统可用于远程遥控飞机，最终于1917年实现了“拉什顿·普罗克特”（时至今日，“拉什顿”依然是英国一个著名的无人驾驶航空靶标的品牌）靶机的远程遥控飞行。我们还应当注意到，在此之前的1898年，发明家尼古拉·特斯拉就已经演示了对一艘船进行远程遥控。

第一次世界大战期间，“凯特林小飞虫”计划是第一个应用无人驾驶飞机的重大项目。这架双翼飞机实际上是一枚可以飞行的鱼雷，它装有一套制导系统，这套制导系统是由埃尔默·斯佩里设计的，他是劳伦斯·斯佩里的父亲。这架飞机由活塞式发动机作为动力，由发射小车和轨道进行起飞。理论上，“凯特林小飞虫”可自动导航飞到64 km之外打击目标，它由一台基于陀螺仪的自动驾驶仪进行导航，利用膜盒式气压表保持高度。为测量所飞越的距离，这架飞机采用了一套机械系统，它通过测量飞机飞抵目标所需的发动机转数来获取距离信息。但是，“凯特林小飞虫”并没有得到部署和应用，因为在它的研制完成之前，第一次世界大战结束了。

1922年，第一架四旋翼类型的无人机成功实现飞行，这就是乔治·德·波扎特（George De Bothezat）直升机，它采用X形布局结构的多旋翼形式。这架直升机总计进行了大约100次的试飞，最大飞行高度达到5 m。但是，这一设计最终并没有得到继续使用，这主要是由于它的机械结构太复杂，并且在悬停时飞行员的工作强度异乎寻常地大。

两次世界大战之间，无人驾驶飞机在自主驾驶方面的发展非常有限，而无线电射频发射技术的进步让远程遥控驾驶变得更加容易，从而使得自动驾驶仪变得无关紧要了。自动驾驶仪虽然有不少小的改进，但这种系统主要用在靶机上，这些靶机仅为炮兵训练所用。这些靶机大部分是英国公司制造。在这一时期，飞行员训练所用的无线电遥控靶机成为无人机应用的最广泛形式，总计制造了12 000多架。甚至直到今天，虽然无人机自动化的程度已经很高了，但它的用途仍然主要是在军事方面。

第二次世界大战是无人驾驶飞机另一个快速发展的时期，特别是在德国。在此期间，德国研制了多种空对地或巡航导弹，其中最著名的就是菲施勒（Fieseler）公司研制的V-1导弹，它俗称“嗡嗡弹”，这得名于它的脉冲喷气式发动机所发出来的独特声音。纳粹德国空军还使用无线电遥控滑翔炸弹攻击敌方军舰，其中最著名的滑翔炸弹就是“弗里茨X”（FrizX）。纳粹德国空军曾使用这种炸弹炸沉了一艘意大利军方的军舰“罗马”号，当时它正准备向盟军投降。有趣的是，“罗马”号残骸2012年才被发现，发现它的也是一个无人驾驶机器，只不过是一个水下的机器人。

盟军在第二次世界大战中也曾使用过无人驾驶飞机。其中一个例子就是美国海军使用的TDR-1攻击型无人机。这是在“洲际”双发飞机基础上改装而成的无人机，这也许是第一种采用电视制导无人机。TDR-1由乘坐在后方跟随飞机上的一名操控手进行遥控，TDR-1上搭载一台电视摄像机，将信号传回跟随飞机，操控手可以看到TDR-1机载摄像机拍到的图像。

后来美国开发了的另一个名叫“阿弗洛狄特”计划无人机研发项目，这个计划旨在将诸如著名的B-17这样的轰炸机改装成为无人驾驶的飞机。该计划再次使用了电视制导技术，即飞机可以通过无线电控制进行远程引导，进行操控的飞行员通过机载电视摄像机能够看到无人机所拍到的景象，并能够读取驾驶舱的各仪表数据。飞机起飞时是有机组人员的，他们手动驾驶飞机起飞，飞机起飞后机组人员给炸弹解除保险，然后将控制权交给遥控操纵的飞行员，在飞机还处于己方地界时，他们通过降落伞离开飞机。而此时飞机则在遥控操纵下继续飞向目标区域。这样的任务通常用于打击敌方纵深隐蔽目标，如德国V-1导弹工厂等。然而，由于系统过于复杂和费用高昂，这个项目并不很成功，但英国研制的钻地炸弹在这样的任务中取得了更大的成功。后来这些遥控操纵的无人驾驶飞机被用于核试验，无人机穿越核爆炸后的蘑菇云，通过机载专用传感器研究核辐射的影响。

第二次世界大战后，无人机的用途主要是作为靶机供飞行员训练之用。在后来的一些战争中，也有一些有人驾驶飞机被改造为飞行炸弹，而无人机技术在这一时期并没有什么新的突破，这是由于人们研究的重点放在了巡航导弹上。巡航导弹的研制主要就是在德国菲施勒公司V-1导弹的基础上开展的研究工作。这最终发展成为了我们今天所拥有的巡航导弹，这种导弹可以自动飞向预定目标。

位于美国加利福尼亚州的瑞安飞机公司（全称为特里达因·瑞安飞机公司）是20世纪60年代航空靶机研制方面的领头雁。这一时期最有名的无人驾驶飞机就是该公司研制的“萤火虫”和“火蜂”系列靶机，这也是至今产量最高的靶机型号。由于瑞安公司在靶机方面取得了巨大的成功，美国官方要求该公司研制一种用于侦察的改进型号，这种无人侦察机于1964年实现了首飞。有几个型号的“萤火虫”在越南战争中被军方投入实战，主要执行监视和侦察任务，诸如战场毁伤评估等。各种型号的“萤火虫”和“火蜂”无人机总计制造了超过7 000架，毫无疑问它们成为现代无人机的领军之作。时至今日，仍有很多这个系列的无人机在世界多个国家的军队中服役，在2003年的伊拉克战争中，它们飞在有人驾驶飞机前面，播撒反导弹箔条，开辟安全通道。到越南战争结束以后，美国才转而开始研制尺寸更小、成本更低廉的无人机，这使得以侦察为主的无人机技术在20世纪80年代后得到了迅速发展。

自从1991年的波斯湾战争中，美国将无人机用于实战之后，无人机的军事应用得到了快速发展，其中最著名的无人机当属美国的“捕食者”（图1–3）。随着技术的进步，无人机成了执行侦察任务更为可靠的工具，其中典型的例子就是“捕食者”无人机，美国在全球范围内使用这种无人机。这种无人机刚开始是一个单纯的侦察飞行平台，后来因为可以在较高的高度上长时间飞行，被改造成可装备武器的新型号，之后于2001年投入使用，直到今天仍在服役。2001年10月17日，在阿富汗战场上，美国首次使用“捕食者”无人机发射“海尔法”导弹，成功摧毁了塔利班的一辆坦克，也开启了无人机直接作战的时代。同时，军用无人机也开始成体系地建设、发展。

图1–3 “捕食者”无人机

进入21世纪以来，随着无人机研制技术进一步的发展，无人机在民用领域得到了广泛应用并逐步形成产业。现在，无人机已经深入人类生活和生产的各个方面，并出现了一些创新性的应用。自2008年汶川地震以来的每一次地震灾害，轻小型无人机遥感均表现出轻便、快速的特质，为救灾减灾及时提供了重要的高分辨率影像数据。同时，农用无人机利用搭载的高精度摄像机，实现对农作物生长以及周围土壤、水分等环境的实时监测，并据此播种、浇水、施肥、喷洒农药等。此外，还可通过无人机的航测航探发现矿藏和其他资源，并随时检测当地的地质状况，指导矿产资源的开采。在日常使用中，无人机可以对公路、铁路、高压电线和油气管路等重要公共设施进行巡查，减少事故发生。

1.3　无人机飞行安全

1.3.1　民用飞行空域的申报

为了保证无人机飞行安全，需要对其划分好空域，但只要是飞机就都可以在指定空域内航行呢？答案是：不可以！按照规定，航空器在制定空域内飞行时必须申报所飞行的空域并同时提交飞行计划，经审批通过后方可飞行。

申报飞行空域在原则上与其他空域水平间隔不小于20 km，垂直间隔不小于2 000 m，一般需提前7日提交申请并提交相关资料，包括国籍标志和登记标志、驾驶员相应的资质证书、飞行器性能数据和三视、可靠的通信保障方案、特殊情况处置预案等。飞行计划申报应于北京时间前一日15：00前向所使用空域的管制单位提交飞行计划申请并包含以下基本内容：飞行单位，任务，预计开始飞行与结束时间；驾驶员姓名、代号（呼号）；型别与架数；起飞地、降落地和备降地；飞行气象条件；巡航速度、飞行高度和飞行范围；其他特殊保障需求等。

紧急飞行，如执行紧急救护、抢险救灾或者其他紧急任务，飞行计划申报最迟应在飞行前一小时提出，以便管制单位对空域内航空器进行有序管理。

1.3.2 民用无人机安全隐患

为了无人机航拍时更安全，必须要记住一些危险地带，并尽量避免在这些地方飞行。如果确实需要在这些地方航拍，一定要谨慎飞行，做好必要的安全防范，确保飞行安全。下面列举一些常见危险地带。

1.3.2.1 人群聚集的地方

这个纯粹是为了避免引起非常严重的第三者伤害。试想一下，一架无人机失控炸机，炸在平地上，损失的只是无人机本身；而如果炸在一群人当中，极有可能造成人员伤亡。因此，应尽量避免在人群头顶上飞行，要是真的要拍人群，请在人群聚集地区的边缘以外位置飞行，尽量远离人群。

1.3.2.2 高压线

高压电线所产生的电磁干扰是非常明显的，而且越靠近电线，干扰强度就越大。除此之外，无人机在空中，通过图传回传的画面，比较难发现高压线，而且用肉眼去观察无人机，也比较难判断其与高压线之间的距离，挂到高压线的情况自然也很难避免。因此，尽量不要靠近高压线，远远地拍就好了。

1.3.2.3 有强风的地方

无人机飞在天上，靠的是螺旋桨带动的下洗气流产生的推力，而当环境有风时，就需要分配一定的向下动力转变成向侧动力，从而抵消风的影响。当环境风力大到超过无人机动力系统的剩余储备时，无人机自然就维持不了当前定点，会被风吹走。因此在强风环境下，无人机是很难维持准确定位的，甚至很难维持一个相对平稳的姿态，极容易出现意外。基本上无人机机身尺寸越大、动力系统储备越高，抗风能力就越高。但是要抵消风的影响，要消耗更多的电力，续航时间会大大缩短。

1.3.2.4　铁矿

铁矿也是会干扰无人机指南针工作的地方，巨大的、隐蔽的金属就在地面以下，如果是一个还没开采的铁矿，就更难发现了。如果要到深山飞行，起飞前可以询问一下当地人，周围的山体都是些什么类型的岩石。

1.3.2.5　深水码头

深水码头的危险性，体现在“深”，如果无人机出现什么问题而掉落水中，基本上都是打捞不了的。而且码头四周都是金属物件，尤其是各种货轮，简直就是一大坨金属，危险性相当高。

1.3.2.6　远离海岸的水面

海岸，一般风力都不会小，而海岸以外的空中，风力更大。小型无人机在这些环境中飞行，要面对强风环境，危险性不小。而且这样的水面环境，基本上炸机都是不用再想打捞的。

1.3.2.7　军事设施

军事设置由于相对敏感，所以未经许可绝对不能靠近。另外军事雷达的功率一般都比较大，近距离被扫到的话，无人机上面的传感器很有可能会受损，稍远一点距离被扫到，也有可能会出现干扰。

1.3.3 无人机飞行试验

飞行试验又称试飞，是指在真实飞行条件下进行无人机型号试验和科学研究的过程，通常在无人机研发的最后阶段进行，是对无人机设计、制造和地面试验结果的最终验证。

与地面试验相比，飞行试验是对无人机的全面测试，涵盖了无人机研制所涉及的所有专业。任何缺陷和故障在试飞中都有可能导致严重后果，探索新技术和飞行极限的试飞科目更是加大了飞行试验的风险性。

无人机飞行试验可分为型号飞行试验和研究性飞行试验。型号飞行试验是针对某一无人机型号的性能和可靠性等进行的飞行试验；研究性飞行试验则是以无人机作为平台，对新型任务设备或新型气动布局等新技术进行研究和验证。不论何种飞行试验，试验的内容都非常复杂，因而耗资巨大，周期漫长。

对无人机主要的飞行试验科目包括气动性能试验、动力系统试验、飞行控制与飞行品质试验、机电系统试验、结构试验、发射与回收系统试验等，每个科目中还有更为繁杂的试飞内容。下面将选取几种主要的飞行试验做简要介绍。

1.3.3.1 气动性能试验

气动性能试验的目的是验证无人机平台的气动特性，得出无人机平台的使用效能，并为无人机的安全飞行提供保障。因此，无人机的气动性能试验通常是首先进行的，它是其他试飞科目成功的前提。

由于无人机气动性能试验针对的是无人机平台的气动特性，所以试飞时无人机不一定需要处于系统的全技术状态，例如可以不装载任务设备。在进行试验时，无人机要经历起飞、爬升、巡航、下降和着陆的飞行过程，其中还可以穿插一些有针对性的机动动作。在飞行过程中实时监测无人机的速度、高度、爬升率、下沉率、姿态角和位置坐标等参数，观察无人机的起降性能、爬升性能、巡航性能、下降性能和飞行稳定性，验证无人机的气动布局是否合理，气动舵面能否正常控制无人机飞行姿态等。

1.3.3.2　动力系统飞行试验

由于地面环境与飞行环境的差异，许多对动力系统有影响的飞行条件难以在地面模拟，如气压的变化、突风、颠簸等。此外，随着燃油的消耗，无人机所需的升力逐渐减少，所需推力也因此减少。加之无人机姿态的不断改变，动力系统状态处于动态变化中。因此，除了地面的动力试验，还有必要在飞行中对动力系统进行测试，以验证动力系统能否在飞行包线内正常工作和控制，能否提供足够的推力和功率，并得出安全飞行油量、不同飞行状态下的耗油率以及动力系统所能支持的续航时间和最大航程。

在进行动力系统飞行试验时需要控制无人机在预定的飞行状态下飞行，并在飞行控制系统的协调下实时监控动力系统状态。通过传感器测得转速、温度、推力、功率、油量等参数，并与飞行姿态、飞行速度和高度等飞行数据相结合，对动力系统参数进行记录和分析，进而得到试验结果。

1.3.3.3　飞行控制系统试验

飞行控制系统泛指所有与飞行控制有关的装置，包括地面站、数据链路、飞控计算机、定位导航系统和无人机操纵系统等。试验的目的是验证飞行控制系统各部分之间能否协调工作，控制逻辑是否合理以及控制功能能否实现。飞行控制系统相当于无人机的大脑，一旦出现错误，就极易引起严重事故，因此有必要对飞行控制系统进行充分的试验。

由于飞行控制系统十分复杂，在进行飞行试验前要仔细检查系统各部分的状况，确保整个系统能够正常工作。在试飞中逐步测试飞行控制系统的所有功能。在测试中观察传感器、定位导航系统等能否准确获取数据，数据链路的数据传输是否通畅，地面站和飞控计算机能否正常实现其功能，机上操纵系统能否按指令正常工作，进而完成对飞行控制系统的验证。

1.3.3.4　无人机起降系统试验

无人机的起飞和降落是无人机飞行的必经环节，在起降过程中无人机往往会受到冲击载荷，有的起飞方法还存在一定的安全隐患，因此需要起降系统飞行试验，以保障无人机结构安全和飞行安全。

最为常用的起飞与降落方式是使用轮式起落架进行滑跑起飞和降落。在无人机正式起飞之前，首先要在一定速度范围内进行滑跑试验，验证滑行时的转弯能力和精确保持直线滑行的能力等，为飞行试验打下基础。在无人机加速起飞时，检验滑跑振动条件下无人机的结构牢固性及姿态的稳定性，抬头离地时检验无人机抬前轮的能力。在着陆时，观察起落架受到冲击后是否对无人机姿态造成不利影响，检验刹车效率是否满足要求，着陆后要检查着陆冲击是否造成起落架和机体的变形或破坏。

对于采用其他起飞方式的无人机，如弹射起飞、火箭助推起飞、车载发射、空中发射等，需要验证无人机能否正常释放，在起飞时无人机受到的载荷是否会对机体结构造成不利变形或破坏，是否会与发射装置相碰撞，以及起飞过程是否会影响到无人机正常的飞行姿态等。

除了轮式起落架滑行降落之外，还有机腹着陆、伞降回收、撞网回收和撞线回收等回收方式。对于这些回收方式要验证是否会对无人机结构和部件造成损坏，对撞网回收和撞线回收等方式还要验证无人机在飞行控制方面能否准确地飞到预定位置。

第2章 无人机结构与工作原理

无人机表面上看似无人驾驶，但实际上它并不是真正离开了人的驾驶，虽然无人机上确实没有人驾驶操纵，但它却离不开身在地面上的驾驶员对它进行的操纵控制。驾驶操纵无人机的人称为无人机驾驶员，他与无人机、飞行平台之间构成一个完整的人机系统，是一种闭环控制回路系统。无人机所具备的“机上无人，人在系统”的特点，使无人机可以具有许多有人机不可比拟的出色性能，结构大为简化，而且可以毫无顾忌地执行各种单调枯燥或高度危险的任务。

2.1 无人机结构与材料

2.1.1 无人机系统的组成

无人机与有人机最大的区别是机上无人操作驾驶。但是无人机要想真正完成一项特定的任务，光靠能在天空中飞行的无人机飞行平台（简称“无人机”）本身还是不够的，除了需要无人机及其携带的任务设备外，还需要有地面控制设备、数据通信设备、维护支持设备、地面操作与维护人员等。因此，完整意义上的无人机应称为无人机系统。

无人机系统（Unmanned Aerial System，UAS）是指无人机及与其配套的地面控制设备、数据通信设备、维护设备，以及指挥控制及其必要的操作与维护人员等的统称。它是一个高度智能化的闭环反馈控制系统。不同类型和不同使用环境下的无人机，可选择不同的系统构成。安装无人机地面控制设备和数据通信设备的通信站，既可以建在地面上，也可以设置在车、船或其他平台上。通过通信站及数据链路的空中传输，地面上的无人机驾驶员不但可以获得无人机所侦察到的信息，而且可以向无人机发布指令，控制它的飞行，使无人机能够顺利完成任务。

当前，无人机系统的概念已经获得了航空界、学术界和工程界的全面认可，大家都是从系统的角度来研究、运用和管理无人机的，所以无人机的规范称呼应该是“无人机系统”。然而，考虑到在民间大多数人都已经非常熟知“无人机”的提法，习惯了用无人机来称呼无人机系统，所以“无人机”和“无人机系统”等价使用，不作明确区分。

2.1.1.1 空中系统

无人机空中系统，是无人机系统中最基本、最重要的部分，它由飞行平台、动力系统、飞行控制导航系统、避让防撞系统以及数据链路机载终端等组成。

（1）飞行平台。

无人机飞行平台有固定翼无人机和旋翼无人机两大类，其主要功能是承载任务载荷，确保其安全飞行所需的各种子系统到达工作地点，展开工作。无人机飞行平台的选择与其工作环境、用途是密切相关的，包括飞行海拔高度、气象条件、地形地貌和海洋陆地等；飞行性能主要有载荷质量、航程、巡航速度、续航时间、最大飞行速度、升限等，这些性能指标是根据任务需求提出的；起降条件是指当无人机执行任务时，有无可供固定翼无人机起飞着陆的场地或发射回收设备，如果没有，就只能选择旋翼无人机。

这里有一点需要特别说明一下：人们通常习惯于把“无人机飞行平台”和“无人机系统”都简称为“无人机”。实际应用中，由于使用的语义环境不同，其含义一般不会混淆。

（2）动力装置。

无人机动力系统的核心装置是发动机，其基本功用是为无人机提供持续的动力，以确保无人机能够稳定、可控、持续地在空中飞行。评定无人机发动机品质的主要指标有性能参数与可靠性、耐久性等。其基本要求主要有以下几方面。

①功率质量比大。构成无人机的任何部件都应在满足使用要求的前提下，尽量减轻其质量。对发动机来说，就是要保证足够大的功率而自重又很轻。通常以发动机的功率与质量之比来衡量发动机的轻重：比值越大，表明发动机产生1 ps（1 ps=735.51 W）的功率所负担的发动机自身质量越小，发动机就越轻。

②耗能小。无人机的发动机是否省电或省油，是其重要经济指标。评定发动机的经济性，常用“耗电（油）率”作标准。耗电（油）率是指单位功率（1 W或1 ps）在1 h内所耗电的度数（油料的质量）。在一定的飞行条件下，发动机耗电（油）率越低，运行成本越低，经济性就越好。

③体积小。无人机发动机应在保证功率不减小的前提下，力求体积较小，以减小飞行中的空气阻力，以及减轻发动机质量。

④工作安全可靠。无人机在空中的飞行安全，是由各组成部分可靠的工作来保证的。要维持正常飞行，发动机就必须始终处于可靠状态。描述发动

机可靠性的参数是：空中停车率=发动机空中停车数+每天飞行小时。

⑤寿命长。无人机发动机的寿命长，可降低使用成本、节约原材料。在实际使用中发动机的使用寿命与发动机是否正确使用密切相关。正确使用发动机不仅可有效延长发动机的使用寿命，还可降低发动机的使用成本。

⑥维护方便。日常维护方便性高，可提高维护质量，确保发动机随时处于安全可靠状态。

（3）飞行控制导航系统。

无人机飞行控制导航系统（简称“飞控系统”）是控制无人机飞行姿态和运动的中枢设备，也称自动驾驶仪。无人机在空中飞行，其飞行环境复杂多变，执行的飞行任务各种各样。无人机为了顺利到达目标点或目的地，圆满完成飞行任务，必须在其所处的三维空间解决飞行方向、定位和控制这三个最基本的问题，所需技术就是人们常说的“制导、导航和控制”三项技术（GNC技术）。

①制导。制导（Guidance）是无人机发现（或外部输入）目标的位置、速度等信息，并根据自己的位置、速度，以及内部性能和外部环境的约束条件，获得抵达目标所需的位置和速度等指令，解决飞行方向和目标位置的问题，即“要去哪里？”。

②导航。导航（Navigation）是确定无人机在其所处的三维空间的位置、航向、速度和飞行姿态等信息，解决无人机的精确定位问题，即“现在何处？”。

③控制。控制（Control）是根据飞行指令控制无人机按照期望的姿态和轨迹飞行，解决无人机的稳定和操纵问题，即“怎么走？”，确保无人机能够准确到达目的地。

制导、导航与控制是无人机飞行和完成任务所必需的三项关键技术，其工作原理最早是从卫星、导弹等空间飞行器的自动飞行问题中提出来的，并成功获得实际应用，以后逐步扩展到现代无人机等各种新型飞行器上，成为支撑这些先进飞行器飞行和完成任务不可或缺的重要技术。

通常人们将制导、导航与控制三项技术综合起来简称为“GNC技术”。综合采用GNC技术构建的无人机飞行控制导航系统，是无人机实现自主飞行的核心构件，是实现无人机飞行自动化、智能化的关键系统。

（4）执行机构。

无人机的伺服执行机构，简称“舵机”，其作用是根据无人机飞行控制导航系统（自动驾驶仪）发出的指令，输出力矩和角速度，驱动固定翼无人机的舵面或旋翼无人机的旋翼变距角偏转。其工作过程包括两方面：一方面是通过主传动部分的减速器带动鼓轮转动，操控舵面偏转；另一方面是通过测速传动部分的减速器带动测速发电机旋转，输出与舵面偏转角速度成正比的电信号，作为舵回路的负反馈信号，实现对舵回路的闭环控制。对于无人机的制导控制系统来说，常用的舵机有三类，即电动舵机、液压舵机和电液复合舵机。

2.1.1.2　地面系统

地面系统主要包括任务规划、控制站数据处理和数据链路地面终端等，其中地面控制站包括无人机起降控制的地面辅助设备，数据处理包括情报处理系统等。

（1）任务规划。

无人机任务规划是实现自主导航与飞行控制的有效途径，它在很大程度上决定了无人机执行任务的效率。无人机任务规划需要实现以下功能：

①任务分配功能。任务分配功能是指充分考虑无人机自身性能和携带载荷的类型，可在多任务、多目标情况下协调无人机及其载荷资源之间的配合，以最短时间以及最小代价完成既定任务。

②航线规划功能。航线规划功能是指在无人机避开限制风险区域以及油耗最小的原则下，制定无人机的起飞、着陆、接近目标点、离开监测点、返航及应急飞行等任务过程的飞行航迹。

③仿真演示功能。仿真演示功能能够实现飞行仿真演示、环境威胁演示、监测效果显示。可在数字地图上添加飞行路线，仿真飞行过程，检验飞行高度、油耗等飞行指标的可能性；可在数字地图上标志飞行禁区，使无人机在执行任务过程中尽可能避开这些区域；可进行基于数字地图的合成图像计算，显示不同坐标与海拔位置上的地景图像，以便地面操作人员为执行任务选取最佳方案。

（2）控制站。

无人机控制站是无人机系统的地面飞行操控中心，负责实现人机交互，也是无人机任务规划中心，所以全称为任务规划与控制站（Mission Planning and Control Station，MPCS），起到无人机系统的指挥与调度中心的作用。它控制着无人机的飞行过程、飞行航迹、任务载荷和执行任务等功能，通信链路的正常工作，以及无人机的发射和回收等。

MPCS也可以充当指挥人员，例如任务指挥官的战地指挥所，他们执行任务规划，从所归属的指挥部接受任务部署，并将获取的数据和信息报告给诸如武器射击指挥情报或指挥控制等合适的单位。地面站通常为飞行器和任务载荷的操作手都提供了位置，以便完成监视和任务执行控制功能。在一些小型无人机系统中，地面控制站装在一个能够置于背包内随身携带的箱子里，并能在地面上设置，其组成部分差不多就是一个遥控和某种显示设备，并可能通过嵌入式微处理器增强或内置于一台加固型笔记本电脑中。另一个极端情况是，一些地面站位于远离飞行器飞行区域上千英里的永久性建筑内，利用卫星中继保持与飞行器的通信。在这种情况下，操作手的控制台可能位于一栋大型建筑的一个内部房间，与屋顶上的圆盘卫星天线相连接。

从功能结构上看，无人机任务规划与控制站（MPCS）可分为两部分：第一部分是任务规划；第二部分是控制站。由于无人机规划功能可以与控制站功能分开在不同的地点执行，因此任务规划和控制站有时也被称作地面控制站（Ground Control Station，GCS）。不过，在无人机执行任务期间实时更改任务规划的能力是必不可少的，以此来适应不断发展的实际情况，所以控制站应能提供一定的规划能力。

任务规划与控制站由地面数据终端、遥测数据显示设备、任务规划与控制设备、任务载荷数据显示设备、计算机与信号处理器、通信设备、环境控制及生存能力保护设备，以及电力供应设备（包含应急发电机设备）等组成。

对于军用无人机系统，任务规划与控制站是作战指挥员的指挥场所，它还可根据需要对无人机侦察到的图像及视频信息进行处理并将情报分发给其他部门。

无人机控制站工作于遥控遥测系统之上，负责全面监视、控制和指挥无人机系统的工作，给地面操作人员（驾驶员）提供无人机状态和态势的信息，使地面操作人员监控、指挥无人机完成任务。发生意外或无人机出现故障时，地面操作人员（驾驶员）可进行干预。

无人机控制站通常是地面的（GCS），或舰载的（SCS），也可能是机载的（ACS，控制站位于母机上）。无人机控制站按使用功能和部署情况可将控制站分为基地级地面控制站.移动方舱式控制站、小型控制站和手持遥控器等。

①基地级地面控制站。无人机基地级地面控制站是一种大型固定式地面控制站，一般设置在基地指挥中心，指挥控制和链路设备放置在固定的建筑物内。固定地面控制站功能强大，通过使用不同的指挥控制平台或者调用不同的软件系统，可以完成对多类、多架无人机的同时指挥控制和信息处理功能。由于固定站离无人机距离往往比较远，一般通过卫星数据链与无人机进行通信。固定式地面控制站一般用于对无人机在巡航段和任务区的指挥控制。

②移动方舱式控制站。移动方舱式控制站，也称为机动式控制站，一般部署在前沿阵地、机场周边、舰船上，为临时性地完成对无人机的指挥控制。机动式控制站一般采用标准方舱结构，也可以采用铁路或者飞机进行快速机动。机动式控制站采用视距数据链或者视距和卫星数据链与无人机通信，一般用于无人机起飞和降落阶段的指挥控制。移动方舱式控制站通常包括车载控制站、舰载控制站和机载控制站等类型。

③小型控制站。无人机小型地面控制站一般采用背负式结构，配备小型的加固计算机或触摸屏便携机，通常集成有图形化用户界面，使操控人员能方便地输入以地图为基础的航路点，并能设置使用常用的那些按键。通过连接无线数据通信链路的地面端，并安装地面控制站软件，可以实现对小型无人机的指挥控制。由于体积小、结构简单，一般采用视距数据链实现与无人机的通信。

无人机小型便携式地面控制站的另一种可选设备是远程视频终端。它可与地面控制站并行工作，也采用背负式结构，接收显示来自无人机的图像，也可以让前线的作战单元接收来自无人机的图像。

④手持遥控器（图2–1）。微型、小型无人机也可采用手持遥控器来发

射操控无人机的指令，大多为盒式按键手持小型遥控发射机。遥控指令都是通过机壳外部的控制开关和按钮，经过内部电路的调制、编码，再通过高频信号放大电路由天线将电磁波发射出去。

图2-1 手持遥控器

根据摇杆与通道的配置关系，遥控器可以分为“左手油门（美国手）”与“右手油门（日本手）”两种。一般认为，日本手由于两手分开控制两个最重要的姿态量，比较适合航拍和新手使用，而美国手更适合固定翼无人机。国内曾经日本手较多，而现在美国手逐渐多了起来。

（3）数据处理。

数据处理是对数据的采集、存储、检索、加工、变换和传输。无人机在地面的驾驶员通过任务规划与控制站，利用上行通信链路给无人机发送指令，控制无人机飞行及操控机上所携带的各种任务载荷；利用下行通信链路，显示与处理从无人机上传输下来的遥测数据、指令、声音及图像等。这些数据会通过地面终端进行中转和处理，经过解释并赋予一定的意义之后，转换成人们可以感知、理解的形式，成为有价值、有意义的信息。

（4）通信系统（数据链路）。

无人机系统需要建立稳定可靠的无线通信系统（也称为无线数据通信链路），才能实现地面控制站对无人机的操控、信息传输、信息综合显示等业务功能。稳定可靠的通信系统决定着无人机系统的稳定性和无人机飞行平台的可遥控性，关系到无人机的应用方式和范围。

无线通信系统是保持无人机与控制站之间通信联络的关键子系统，主要包括机载/地面数据终端、发射设备、接收设备、显示设备以及天线等设备。传输媒介通常采用无线电波，但也可以采用激光束或光纤传输的光波，其主要功用是产生、传输和处理无人机遥控指令和遥测信息等数据流。根据传输方向的不同，无线数据通信链路可以分为上行链路和下行链路，其中：上行链路主要完成控制站或遥控器至无人机遥控指令的发送和接收确认；下行链路主要完成无人机至控制站的遥测数据以及红外或视频图像数据的发送。一般而言，上行链路采用具有远距离传输能力的高频电磁波（简称“射频”），达到数千赫兹，提供无人机的控制和任务载荷的操纵指令。下行链路提供低数据率频道，以传输无人机的状态信息。

数据链为无人机系统提供了双向通信能力，可以采用按需求开通工作模式，也可采用连续工作模式。数据率为几千赫的上行数据链提供飞行器飞行路径控制和有效载荷指令。下行数据链提供了一个低数据率通道发送应答指令和关于飞行器的发送状态信息，同时还提供了一个高数据率通道（1~10 MHz）发送传感器数据，例如视频载荷数据和雷达数据。数据链路也可以被调用，通过确定飞行器与地面站天线之间的方位角和距离来测量飞行器的位置。这种信息可被用于辅助导航和飞行器精确定位。如果要求在战斗环境中确保其效能，数据链需要具备一些抗干扰和抗欺骗能力。

地面数据终端通常是一种微波电子系统及其天线，为MPCS与飞行器之间提供视距通信，或有时通过卫星或其他设备的中继通信。地面数据终端可以与MPCS共用方舱，也可以远离MPCS方舱设置。对于远离MPCS方舱的情况，地面数据终端通常采用有线形式（通常采用光缆）与MPCS连接。地面终端发送导航和载荷指令并接收飞行状态信息（高度、速度、航向、等等）以及任务载荷传感器数据（视频图像、目标距离、方位线、等等）。

空中数据终端是数据链的机载部分，包括发送视频和飞行器数据的发射机和天线以及接收地面指令的接收机。

除了无线通信系统的最基本组成外，为克服因地形遮挡、地球曲率影响而造成的地形阻挡，并延伸数据链路的作用距离，中继是一种普遍采用的方式。常用的中继方式有三种：地面中继、空中中继和卫星中继，甚至在一级中继不能满足要求时可采用多级中继。当采用中继通信时，中继平台和相应的转发设备也是无人机数据链路系统的组成部分之一。卫星中继是指利用人造地球卫星作为中继站来转发无线电信号，从而实现在多个地面站之间进行通信的一种技术，主要用于将地面站发送的信号放大再转发给其他地面站或空中飞行器，如无人机。

无线数据通信链路是以无线电波为传输介质，由无线通信设备和传输信道组成的数字通信链路。所谓链路是一条点到点的物理线路，中间没有任何的交换节点。数据链路定义了互连的设备之间的传输规范，是数据传输过程中必不可少的一部分。由此可见，传统无人机采用的无线数据通信链路是点对点的单线连接方式，这种连接方式的缺点是：无人机数据链在复杂电磁交换件条件下工作可靠性差，容易受到外界干扰，通信链路中断发生的可能性比较高，以及频率使用效率低等。

2.1.1.3 发射和回收装置

发射和回收可以通过一系列的技术，包括使用设施完备的场地常规起降和使用旋翼或风扇系统垂直降落等来实现。使用火工品助推（火箭）或气/液组合机构的弹射装置也是发射飞行器的常用方法。一些小型无人机采用手掷发射，基本上像玩具滑翔机一样被抛到空中。

在狭小空间中一般采用回收网和拦阻装置捕获固定翼飞行器。在小面积区域采用降落伞和翼伞着陆实现定点回收。旋翼型或升力风扇驱动型飞行器的一个优势是通常不需要复杂精巧的发射和回收设备。然而，如果在俯仰摇摆的舰船甲板上操作，即便是旋翼飞行器，在舰船的运动不是很微小的情况下，也需要下拉固定设备助降。

2.1.1.3 任务载荷

任务载荷是指那些装备到无人机上为完成飞行任务所需的设备，其功能、类型和性能是由所需执行和完成的任务性质决定的。无人机平台在没有应用到某行业之前，体现不出其行业专业性，只有在根据行业需求搭载不同的任务载荷才体现出其专业性。搭载军用设备就是军用无人机，搭载民用设备就是民用无人机，根据森林防火的需要，搭载森林防火专用任务载荷就称为森林消防专业无人机。

对于民用无人机，其任务载荷主要有航拍摄影、灾难救援、气象观测、地理测绘、资源勘探、电力线路和管道巡检、农林植保以及消防灭火等领域的各种专用设备，例如农用无人机喷洒农药，任务载荷就是指农药及其容器、泵、喷管和喷嘴等。森林消防无人机使用灭火弹、灭火剂进行灭火，任务载荷就是指灭火弹、灭火剂及其发射装置等。

对于军用无人机，主要有执行电子战、侦察、空中攻击和武器运输等任务所需的设备。例如任务载荷是战术无人侦察机的关键部分，不仅在质量上占无人机全重较大比例，而且在成本上占据了无人机成本的大部分。以高性能、高成本的美军“全球鹰”“捕食者”无人侦察机为例，其任务载荷的成本分别占其总成本的1/4和1/2。

无人机根据其功能和类型的不同，其上装备的任务载荷也不同。任务载荷可分为两种基本类型：第一类是非消耗性载荷，包括信息获取及各种信息对抗类设备，如光成像设备、热成像设备、合成孔径雷达（SAR）成像设备等照相与摄像设备，主要用于执行侦察等信息支援和信息对抗任务，这类设备始终固定在无人机上。第二类是消耗性载荷，包括民用无人机上装载的农药、灭火弹、邮件、物品等；军用无人机上装载的火力打击用弹药、火箭或导弹等。消耗性任务载荷的特点是随着任务的执行和完成，载荷会脱离无人机飞行平台而消耗掉。

下文将具体介绍几种常见的任务载荷。

（1）光电摄像机。

光电智能透雾摄像机通过电子设备的转动、变焦和聚焦来成像，在可见光谱中工作，所生成的图像形式包括全活动视频、静止图片或二者的合成。大多数小型无人机的光电摄像机使用窄视场到中视场镜头。大型无人机的摄像机使用宽视场或超宽视场传感器。光电传感器可执行多种任务，还可与其他不同类型的传感器结合使用，以生成合成图像。光电摄像机大多在昼间使用，以便大幅提高视频质量。

（2）激光测距仪。

激光测距仪利用激光束确定到目标的距离。激光指示器利用激光束照射目标。激光指示器发射不可视编码脉冲，脉冲从目标反射回来后由接收机接收。然而，利用激光指示器照射目标的方法存在一定的不足，如果大气不够透明（如下雨、多云、有尘土或有烟雾），则会导致激光的精确度欠佳。此外，激光还可能被特殊涂层吸收，或不能正确反射，或根本无法发射（例如照到玻璃上）。

（3）红外摄像机。

红外摄像机在红外电磁频谱范围内工作。其中的核心部件红外传感器也称为前视红外传感器，利用红外或热辐射成像。无人机使用的红外摄像机分为两类，即冷却式和非冷却式。现代冷却式摄像机由低温制冷器制冷，可将传感器温度降至低温区域，这种系统可利用热对比度较高的中波红外波段工作。冷却式摄像机的探头通常装在真空密封盒内，需要额外功率进行冷却。总而言之，冷却式摄像机拍摄图像的分辨率比非冷却式摄像机的分辨率要高。非冷却式摄像机传感器的工作温度与工作环境温度持平或略低于环境温度，当受到探测到的红外辐射加热时，传感器通过所产生的电阻、电压或电流的变化工作。非冷却式传感器的设计工作波段为7~14 nm的长波红外波段。在此波段上，地面温度目标辐射的红外能量最大。

可见，携带有效载荷是拥有和使用无人机系统的根本原因，有效载荷通常是无人机最为昂贵的子系统。有效载荷通常包括可见光类型或夜视类型（像增强器或热红外）的视频摄像机，用于侦察和监视任务。在过去，胶片相机被广泛用于无人机系统，但今天已大量地被电子图像采集和存储设备取代，这种转变在所有应用视频图像的领域也同样发生了。

如果需要进行目标指示，成像装置中会加入激光器，导致成本急剧增加。雷达传感器通常采用移动目标指示器（ MTI）和/或合成孔径雷达（SAR）技术，也是无人机执行侦察任务的重要有效载荷形式。有效载荷的另一大门类是电子战（EW）系统，它们包括全谱段信号情报（SIGINT）和干扰机设备。其他传感器，例如气象和化学探测装置也已被用作无人机有效载荷。

武装型无人机携带可射击、可投放或可发射的武器系统。“自杀型”无人机携带炸药或其他类型的战斗部撞击目标。可见，在无人机、巡航导弹和其他类型的导弹之间有一个显著的重叠部分，关于这一点在本书的其他章节也有论述。导弹是有意在飞行末段自毁的一次性系统，其设计问题不同于可重复使用的无人机系统，本书专注于可重复使用的系统，当然，很多关于可重复使用系统的论述也同样适用于可损耗型（一次性）无人机系统。

无人机的另一个用途是作为数据和通信中继平台，扩展通视型无线电射频系统覆盖范围和距离，这些射频系统也包括用于控制无人机和向无人机用户回传数据的数据链系统。

2.1.1.4　综合保障

无人机的综合保障是指在无人机使用寿命期内，对无人机系统飞行任务的支持、调度、物品转运、维修测试以及人力和资源支持等。无人机系统作为一种特定系统，其地面综合保障系统是一系列技术与管理活动的综合，也是一个由很多专业组成的综合学科。

由于无人机系统是一个精密电子和复杂机械系统，因此地面保障设备（GSE）越来越重要。GSE可能包括：测试和维护设备，备件和损耗件供应，特定飞行器所需的燃料供应和任何形式的燃料加注设备，对于非便携式或无起落架滑行能力飞行器的地面转运搬运设备，以及为所有其他保障设备供电的发电机。如果无人机地面系统希望具有地面机动能力，而不是位于建筑物内的固定地面站，那么GSE就必须包括运输上述所有器材的能力，同时还要能够运输备用飞行器和地勤人员，包括用于他们的工作和生活的方舱、食品、服装和其他个人装备。可以看出，一个完全自我完备的、机动的无人机系统需要大量保障设备以及各种类型的卡车。即便是设计为三四人可搬运的飞行器，情形也是如此。

综合保障的目标主要是无人机装备保障，其内容涵盖装备的使用保障和维修保障，主要有维修规划、保障设备、供应保障、人员培训、技术资料、训练保障，以及维护包装、装卸、储存、运输等方面的内容。从组成要素来讲，综合保障系统有“人”和“物”两类核心要素。其中“人”是无人机综合保障活动的主体，包括提供综合保障所需的各级管理人员、技术人员、工人和各种技术资料，担负无人机产品测试、维修、运输，以及对地面驾驶人员和维护人员的培训等。“物”是指为完成综合保障工作所需的场地（综合保障服务中心）和物品，包括保养、检测、维修、部署和运输等所需的备件、消耗品、设备等各种物资，以及地面驾驶员和维护人员技术培训必备的设备、资料和实验条件。

无人机系统既是一种高精尖的电子系统，也是一个复杂的机械系统。对于这样一个复杂的高科技系统，起保障维护作用的地面综合保障已变得越来越重要。

2.1.2 无人机常用材料

无人机在天空中飞行，其重量越轻越好，重量越轻，无人机消耗的动力就越少，能承担的任务就越多；而无人机本身的重量很大程度上取决于制造无人机所用的材料。无人机设计过程中为减轻结构重量，除了采用合理的结构形式之外，非常有效的方法是选用强度、刚度大而重量轻的材料。

无人机结构使用的航空材料种类很多，一般可分为金属材料（合金、结构钢等）、非金属材料（陶瓷、橡胶、涂料等）以及复合材料。

2.1.2.1 金属材料

金属材料是航空器中使用最为广泛的材料，包括纯金属及其合金。纯金属大多力学性能较差，很难满足设计需要，因此很少使用，而选用强度更高、抗高低温、耐磨损性能更好的合金材料。金属材料具有较大的强度、刚度以及较好的冲击韧性，加工工艺较为完善。金属材料多用在发动机以及大梁等关键部位。常用金属材料如下。

（1）铝合金。

铝合金在无人机结构中应用广泛。铝合金作为一种轻金属，具有较高的比强度和比刚度。铝合金密度低，约为2.8 g/cm^3，是钢的1/3，而强度比较高，约为普通钢的1/2，接近或超过优质钢，有很好的可塑性。此外，铝合金还具有良好的耐腐蚀性和低温性能，且价格相对低廉。铝合金广泛用于机身等部位。无人机发动机的机体、机架、起落架常使用航空铝合金制造。

（2）镁合金。

镁合金的密度较铝合金更小，约为1.75~1.9 g/cm^3，比强度和比刚度与铝合金和合金钢相当。镁合金的机械加工性能优良，但耐腐蚀性较差，适合用于制造承力较小、壁厚较大的零件。镁合金在潮湿的空气中容易氧化腐蚀，因此在零件使用前，表面需要经过化学处理或涂漆，加上一层保护膜以隔绝空气。镁合金多在无人机轮毂、发动机齿轮、机匣、油泵、油管、摇臂、襟翼、舱门等部位使用。

（3）普通钢、合金钢。

普通钢具有经济、强度高、刚度好的特点，在工业生产中使用最为广泛，但密度大，在无人机材料中用得较少，无刷电动机轴就是钢制件。

在含铁、碳的钢中加入硅、锰、镍等合金元素就产生了合金钢。合金钢主要包括高强度的结构钢和耐高温腐蚀的不锈钢。高强度结构钢具有较高的比强度，工艺简单，性能稳定，价格低廉，适合制造承受大载荷的接头、起落架和机翼大梁等构件。

不锈钢具有良好的耐腐蚀性和耐低温性，可以制造存放液氢、液氧的容器。耐高温的不锈钢还是制造发动机的主要材料。由于不锈钢中合金含量较高，因此价格也比普通结构钢高得多。

（4）钛合金。

钛合金被称为21世纪最重要的金属材料，自70年前诞生起就被运用在高端领域，如航空发动机、作为医用金属植入人体或当作阻燃材料等。钛合金的密度较小，约为4.5 g/cm^3，强度和使用温度介于铝和钢之间，但比铝、钢强度高并具有优异的抗海水腐蚀性能和超低温性能。钛合金具有较高的耐热性，工作温度可达400~550 ℃，在该温度下的比强度明显优于耐热不锈钢。钛合金因加工成型困难，目前价格比较昂贵。钛合金主要用于制作高超声速无人机、发动机、火箭、导弹等参与高速飞行的结构件。

（5）铜。

使用铜线做导线，其导电性优于其他金属。多旋翼无人机上常用的无刷电动机，其绕组就是使用的铜线，如图2–2所示。

图2-2 铜线

（6）不锈钢。

不锈钢指耐空气、蒸汽、水等弱腐蚀介质和酸、碱、盐等化学侵蚀性介质腐蚀的钢。无人机的螺钉、螺母、起落架等部件经常采用不锈钢。

2.1.2.2 非金属材料

非金属材料主要包括除金属材料、有机高分子材料以外的几乎所有材料。这些材料主要有玻璃、水泥、耐火材料以及氧化物陶瓷、非氧化物陶瓷、金属陶瓷等新型材料。无机非金属材料来源丰富、成本低廉、应用广泛，具有耐高温、高硬度、抗腐蚀等优良的性能，主要缺点是抗拉强度低、韧性差。陶瓷因耐高温的特性被用于发动机，石英材料被用在航空航天领域的自动控制系统等。

（1）塑料。

塑料质轻，化学性质稳定，不会锈蚀，耐冲击性好，具有较好的透明性和耐磨性，在消费型无人机上用得较多，如图2-3所示。

图2-3 无人机的塑料材料

塑料密度低、抗冲击、抗疲劳性能好、尺寸稳定性好，在无人机上主要用作一般结构件。另外，塑料是优良的电绝缘材料和热绝缘材料，还具有一定的耐磨性，可用作无人机上的耐磨件，或在各种腐蚀介质中用作密封件、衬垫等。塑料的种类繁多，在无人机设计选材时，要根据飞机各部位的使用要求合理选择不同特性的塑料。

（2）木材。

巴沙木是生长在美洲热带森林里的轻木，其密度为0.1 g/cm^3，容易加工，车、铣、油漆以及胶黏性能好，适宜制作航模、无人机的机翼、面板。

松木是一种针叶植物，需经人工处理（烘干、脱脂、去除有机化合物），使之不易变形，木质紧密强韧，纹理清晰美观，实用性强，经久耐用。

桐木是我国最轻的木材之一，气干密度为0.23 ~0.40 g/cm^3，材质轻而韧，不曲、不翘、不变形，纹理美观，色泽鲜艳。

榉木纹理清晰，木材质地均匀，色调柔和、流畅，硬度比一般的木材要高，木质相对较沉，具有承重性能好、抗压性强等优点，常用来制作无人机的螺旋桨。

2.1.2.3 复合材料

复合材料在无人机上应用广泛。它的密度低，比强度、比刚度很高，抗疲劳性能、减震性能和工艺成型性能都很好。此外，复合材料还可以加入吸波、透波性能的纤维材料、无机颗粒或者喷涂隐身材料，或通过处理各连接实现降低雷达反射信号的效果。

先进无人机中复合材料用量可占机体结构总重的50%~80%，采用复合材料的无人机可以减重25%~30%，同时可满足无人机的高隐身性能，提高寿命周期。以美国诺斯洛普公司研制的X-47B无人攻击机为例，它是世界上第一款可以从航母起”飞并自行降落的隐形无人机。X-47B的机翼蒙皮由碳纤维/环氧复合材料组成，在有效减轻结构重量的同时还可以减小机翼表面缝隙，具有优异的隐身性能。

（1）玻璃纤维增强材料。

玻璃钢复合材料是指玻璃纤维做增强材料、合成树脂做黏结剂的增强塑料，被称为玻璃纤维增强塑料。其相对密度在1.5~2.0，只有碳素钢的1/5~1/4，但拉伸强度却接近，甚至超过碳素钢，比强度约为铝合金的3倍，与高级合金钢的相当。但相对刚度较低，约为铝合金的50%，在低速、长航时无人机方面应用较为广泛。玻璃纤维增强材料是较为普遍的复合材料。另外，由于玻璃纤维材料较好的透波性，无人机的雷达罩、天线罩等部件应用较多。

（2）碳纤维。

碳纤维首先在航空航天领域得到广泛应用。碳纤维是一种含碳量在95%以上的高强度、高模量纤维的新型纤维材料，密度比铝的小，但强度却高于钢铁，并且具有耐腐蚀、高模量的特性。碳纤维具有耐高温、抗摩擦、导电、导热及耐腐蚀等特性，呈纤维状，柔软，可加工成各种织物，具有较强的比强度和比模量。碳纤维主要作为增强材料与树脂、金属、陶瓷及炭等复合形成先进复合材料结构件。由于其轴向强度和模量高，密度低，无蠕变，非氧化环境下耐超高温，耐疲劳性好，是无人机上常用的材料之一，如图2-4所示。

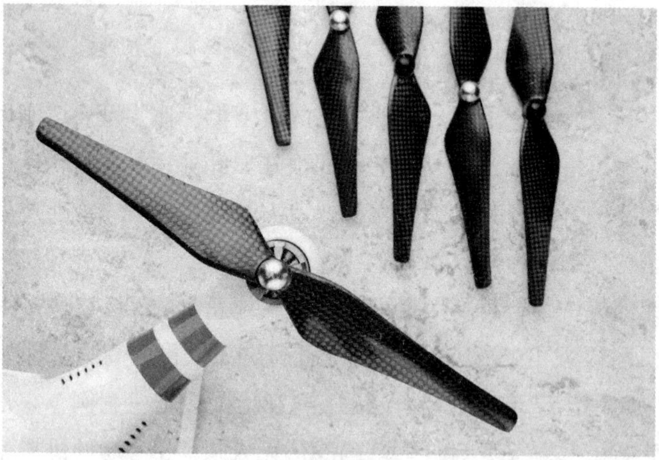

图2-4　四肢型无人机臂的碳纤维螺旋推进器

（3）凯芙拉。

凯芙拉复合材料，在军事领域被称为“装甲卫士”，是以凯芙拉纤维

（一种芳纶纤维）作为增强体、树脂作为基体的复合材料。其比强度约为强度较高的玻璃纤维的1.8倍，刚度约为玻璃钢的2倍，用它制造的固体火箭发动机壳体比玻璃纤维轻35%以上。

2.2　无人机系统工作原理

无人机在空中必须克服阻力才能飞行，而大气层、气象条件和空气动力对无人机飞行具有影响。

2.2.1　大气层

大气层分为五层：对流层、平流层、中间层、暖层和外层（散逸层）。

（1）分层高度见表2–1。

表2–1　大气层分层高度

分层	对流层	平流层	中间层	暖层	外层（散逸层）
高度/km	0~17	17~50	50~80	80~500	>500

（2）飞行区域。

①对流层（无人机飞行区、天气现象形成区）。

②平流层（民航飞机飞行区）。

③中间层（上部空气稀薄）。

④暖层（气象气球飞行区）。

⑤外层（卫星飞行区）。

（3）飞行高度。

民用领域对无人机的要求为：飞行速度通常在100 km/h以下，飞行高度在3 000 m以下，特殊应用领域在7 000 ~ 20 000 m，见表2-2。

表2-2　无人机飞行高度

高度	超低空	低空	中空	高空	超高空
距离/m	0~100	100~1 000	1 000~7 000	7 000~20 000	>20 000

2.2.2　气象条件

气象是指天空中发生的风、云、雨、雪、霜、露、虹、晕、雷电等一切大气物理现象。气象条件是指各种天气现象的水热条件。

（1）风、雨、雪、雷电等对无人机的飞行有比较大的影响。

（2）气温的高低，尤其是超低温，对无人机飞行也有影响。

2.2.3　空气动力

无人机与空气做相对运动时作用在无人机上的两个力为升力和阻力。

2.2.3.1　升力

（1）连续性定理。

当流体连续不断而稳定地流过一个粗细不等的管子时，由于管中任何一部分的流体都不能中断或挤压起来，因此在同一时间内，流进任意切面的流体质量和从另一切面流出的流体质量应该相等，管道粗的地方流速慢，管道细的地方流速快。

（2）伯努利定理。

伯努利定理是能量守恒定律在流体力学（空气流动）中的推广应用。在低速（马赫数小于0.3）流动的空气中，参与能量转换的有动能、压力能，气流一流动，就有动能产生。流动速度越大，动能就越大。前提条件如下：

①气流是连续的、稳定的。流动中的空气与外界没有能量交换。

②气流密度为常数。

③气流中无摩擦，或摩擦效应很小，可以忽略不计。

（3）升力的产生。

无人机飞行时，机翼周围空气的流线分布是指机翼横截面的形状上下不对称，机翼上方的流线密、流速大，下方的流线疏、流速小。此时机翼上方的压强小，下方的压强大，产生了作用在机翼上的升力。

无人机在飞行的过程中，机体上所受的力是平衡的。无人机的重力与无人机产生的升力相平衡，而无人机动力的作用就是克服无人机所受的阻力，推动无人机前进，使得无人机相对于空气做运动，从而产生升力。

2.2.3.2　阻力

无人机在飞行时，会因为不同原因受到非常大的阻力。无人机所受的阻力分为：摩擦阻力、压差阻力、诱导阻力、干扰阻力、激波阻力。

（1）摩擦阻力。

当两个物体相互滑动的时候，在两个物体上就会产生与运动方向相反的力，阻止两个物体的力就是摩擦阻力。当无人机在空气中飞行时，会受到空气的摩擦阻力，它是由空气的黏性所造成的。

（2）压差阻力。

飞行中无人机前、后会形成压强差，由压强差所产生的阻力称为压差阻力。压差阻力大小与无人机的迎风面积、形状和在气流中的位置有很大的关系。

（3）诱导阻力。

诱导阻力又叫感应阻力，它是固定翼机翼所独有的一种阻力。因为这种阻力是伴随着机翼上升力的产生而产生的，也可以说它是为了产生升力而付出的一种代价。

（4）干扰阻力。

无人机各部分之间由于气流相互干扰，产生的一种额外阻力，称为干扰阻力。

（5）激波阻力。

当无人机以音速或超音速运动时，扰动波的传播速度等于或小于无人机前进速度，这样后续的扰动波就会同已有的扰动波叠加在一起，形成较强的波，空气遭到强烈的压缩而形成激波阻力。一般无人机的飞行速度并不快，因此这种阻力很小。

2.2.4 无人机飞行性能

2.2.4.1 飞行速度

（1）最大平飞速度。

最大平飞速度是指飞机水平直线飞行时，在一定的飞行距离内发动机最大推力状态下，飞机所能达到的最大飞行速度，也是飞机能够飞多快的指标。要提高无人机的最大飞行速度，一是要减小飞机的飞行阻力，另外还要增加发动机的推力。

（2）最小平飞速度。

给定高度上飞机的最小平飞速度为能稳定平飞的飞行速度，一般应大于飞机的失速速度。

2.2.4.2　航程

航程是衡量一架飞机能够飞多远的指标，是指在载油量一定的情况下，飞机以巡航速度（不进行空中加油）所能飞越的最远距离。提高航程的主要方法是减小空气阻力，增大升阻比，减小发动机的燃油消耗率。在飞机总重一定的情况下，减小结构重量，增加飞机载油量也可以增加航程。

2.2.4.3　升限

升限用来衡量飞机做水平飞行时所能达到的高度。这里说的升限是指飞机能够进行水平飞行的最大高度，称为静升限；实际中飞机还可以通过跃升的办法达到更高的高度（即用动能转换为势能），称为动升限。

无人机通常是不在升限附近工作的，而在低于甚至远低于升限的高度飞行。

飞行性能指标还有许多，如机动性能、续航性能、起飞着陆性能等，需要时可查阅相关参考书籍。

2.2.5　无人机操稳特性

一架无人机，除了需要产生足够的升力平衡重力、有足够的推力克服阻力以及具有良好飞行性能之外，还必须具有良好的稳定性和操纵性才能在空中飞行。无人机的操稳特性特别重要，可以说是其成功与否的关键。

坐标系用来描述无人机的空间位置、速度、加速度、力和力矩等向量。为了描述清楚不同的飞机状态，根据不同的飞机运动模式，常采用不同的坐标系来定义各种参数。坐标系主要有地面坐标轴系、机体坐标轴系、气流坐标轴系、航迹坐标轴系、半机体坐标轴系、稳定坐标轴系等。这些坐标系都是三维正交右手系。讨论无人机操稳特性时，采用机体坐标轴系作为参考坐标系。

无人机绕机体横轴的转动（称为俯仰运动）以及沿纵轴和竖轴的移动，是发生在无人机对称面内的运动，通常称为纵向运动；而无人机绕机体纵轴的转动（称为滚转运动）和沿横轴的移动，是发生在无人机横截面内的运动，称为横向运动；无人机绕竖轴的转动（称为偏航运动）称为方向运动或航向运动。

第3章　无人机航拍技术及应用

无人机低空拍摄是无人机在垂直拍摄领域的应用之一，很多人的无人机之梦都开始于酷炫的空中拍摄，无人机与拍摄技术结合，能彼此促进，共同发展。无人机摄影/摄像，剧组常称为“空拍”，其定义为：以无人机为载体，通过云台系统挂载的摄影设备，利用图像传输系统将空中画面传输到地面，由地面操作人员，以及云台操作机师共同配合完成的空中镜头拍摄作业。

3.1　航拍无人机及其发展

3.1.1　航拍无人机的类型

航拍无人机主流运用的航空器种类以无人直升机、多旋翼飞行器为主。

多旋翼飞行器中第一视角（first person view，FPV）飞行器也逐步运用到电影拍摄中来，国产科幻片《钢铁苍穹3）中就有精彩的第一视角航拍镜头。

3.1.1.1　无人直升机

无人直升机具有独特的飞行性能及使用价值。与有人直升机相比，无人直升机由于不会造成人员伤害、体积小、造价低等特点，在许多方面具有无可比拟的优越性。与固定翼无人机相比，无人直升机可垂直起降、空中悬停，朝任意方向飞行，其起飞着陆场地小，不必像固定翼无人机那样必须有正式的跑道用来起飞降落。无人直升机在早期航模时代是主要的航拍机型（图3-1），当旋翼机技术成熟后，无人直升机的使用就少了很多。究其原因，无人直升机飞行难度大，维护成本高；造价比多旋翼无人机高许多，因此，在国内航拍市场应用越来越少。

图3-1　无人直升机

3.1.1.2　多旋翼无人机

多旋翼无人机是目前市场主流的航拍机型，从大疆多旋翼无人机面市开始，多旋翼无人机也成了中国无人机的代名词。

3.1.1.3 第一视角飞行器

第一视角（first person view，FPV）飞行器是一种基于小型穿梭无人机上加装无线摄像头回传设备，操作者在地面根据回传的屏幕信息进行操控的航拍无人机，这种无人机航拍方式也称穿越机航拍。穿越机航拍是在近年来兴起的，常用的挂载摄影设备是GOPRO，优点是飞行速度极快，所提供的高速感是多旋翼无人机完全无法比拟的；缺点是只能挂载GO PRO一类超级迷你设备，而且不能加载云台，不太能够满足电影拍摄要求，除非在一些比较特定的场景才能应用。所以目前使用不是很广泛。未来，随着小型影视拍摄设备技术的提升，第一视角飞行器航拍会运用得越来越多。

3.1.2 无人机航拍系统组成

下面以大疆经纬M600航拍系统为例，介绍无人机航拍系统的组成。无人机航拍系统主体包括以下内容。

（1）画面监视系统：用于航拍画面的观测。

（2）飞行遥控器、云台遥控器：用于控制飞行器和摄影云台的相应状态。

（3）飞行控制系统：提供稳定的飞行，保障飞行安全。

（4）云台图传系统：拍摄、记录和传送有关的影视画面。

（5）动力系统：为飞行器提供动力补给。

3.1.3 无人机航拍的工作流程

3.1.3.1 前期关于拍摄内容的沟通

熟读剧本，就拍摄内容与导演、摄影师开制作会进行前期沟通，在镜头设计完成后，按照摄影师对于本片摄影技术指标的要求，以及拍摄地勘景气象条件，选择挂载的摄影机/镜头，按照云台+摄影机/镜头的载重需求选择航拍无人机。

3.1.3.2 拍摄地无人机航拍空管申请

根据剧组的拍摄计划进行空域申报。根据法规要求，无人机机组负责人至少持有无人驾驶航空器超视距驾驶员执照，在进行空域申报的过程中，除了向空管站递交一些必要的飞行材料及资质证明以外，还需要剧组配合出示有关证照，以保障整个拍摄过程的安全以及合法规范。

3.1.3.3 拍摄前试片

按照拍摄内容及指数指标要求拍摄试片小样，重点审查高速镜头、夜景镜头成像质量以及所选航拍器/摄影机/镜头是否达到拍摄方需求。

3.1.3.4 进入拍摄

首先，器材一般由统一器材车运往拍摄地，路况多样，要保证器材不出问题。

然后，到拍摄地整备。拍摄前期设备的统一调校、检查，电池充电，摄影机检查，云台检查。飞行预演：拍摄前按照拍摄要求进行不带演员的走位彩排，将影像提供给导演/摄影师，待他们提出意见后改进。

接下来进入实拍。按照飞行预演调整后的飞行方案与拍摄方案进行拍摄，同时，根据现场导演/摄影师要求，进行现场镜头创作。

最后，在当天拍摄完成后，将拍摄素材交给现场负责人或者摄影班助理，完成当天拍摄工作。并开当天工作总结会：当天工作的总结，第二天工作的部署。

然后进行第二天拍摄整备。检查航拍系统硬件、动力电池充电，为第二天拍摄做准备。

3.1.4 航拍的发展

航拍，又称空中摄影或航空摄影，是指从空中拍摄地球地貌，获得俯视图。航拍的摄像机可以由摄影师控制，也可以自动拍摄或远程电子操控。

航空摄影起源于19世纪50年代。世界上最早的航拍照片是1858年12月法国摄影师纳达尔拍摄的巴黎市的鸟瞰照片，当时是从气球上拍摄的。1909年，美国的莱特（W.Wrigh）第一次从飞机上对地面拍摄照片。他当时不仅航拍了照片，还俯拍了意大利西恩多西利地区军事基地的动态画面。

无人机航空摄影，是以无人机为空中平台，搭载高分辨率数码相机、轻型光学相机、红外扫描仪等，获取图像信息，通过计算机对图像信息的处理，按照一定精度规则制作图像的行为。无人机航拍影像具有高清晰、大比例尺、小面积、高现势性的特点，可进行广范围、多角度拍摄，适合获取带状地区航拍影像（公路、铁路、河流、水库、海岸线等）。多旋翼无人机起飞降落受场地限制较小，稳定性、安全性等级高，具备结构简单、体积小、动作灵活、可做超低空视距飞行、使用成本低等优点，而且起飞降落受场地限制较小，在操场、公路或其他较开阔的地面均可起降，转场等非常容易，还可以到达许多载人飞行器无法到达的空域、高度或危险地区。

航空摄影具有很多实现方式，多旋翼无人机、固定翼飞机、直升机、热气球、小型火箭、风筝、降落伞等都可以成为航空摄影平台。

3.2 无人机航拍设备

多旋翼无人机根据所执行任务的不同而携带不同的任务设备。航拍无人机任务设备主要有云台、相机、图像传输系统等。

3.2.1 相机和云台

3.2.1.1 相机

在航拍无人机中，所有的部件可以说都是围绕着相机工作的，而相机的好坏直接决定了拍摄出图片和视频的质量高低。

3.2.1.2 云台

云台是连接相机和无人机机身的关键部件。在无人机飞行时，由于螺旋桨的高速转动，难免产生高频振动，同时无人机的快速移动也会使得相机也随之运动，如果没有一定的补偿和增稳措施，那么无人机拍摄出的画面将难以稳定和平滑，因此云台在无人机航拍过程中也起到了非常重要的作用。

（1）可更换式。

当前主流的航拍无人机是采用可更换式云台，可以使用厂家自己推出的航拍相机，或使用第三方如佳能的5D Markll、松下Lumix DMC-GH4以及BlackMagic Design BMPCC等画质较为出色的数码相机，甚至REDEPIC超高清数字电影摄影机来满足更高拍摄需求。但图传、天线和osd（视频信息叠加系统，用于显示飞行参数等信息）等设备的安装调试需要一定的知识储备，质量较重，影响飞行时间。采用其他品牌相机时，通常不方便控制拍照和视频的切换以及拍摄参数的调整。例如，大疆的Zenmuse禅思系列专业航拍云台，结合了三轴陀螺仪、IMU反馈系统和专用伺服驱动模块等单元，搭配A2或WooKong-M系列多旋翼飞控产品使用，获得极佳的效果输出。支持方向锁定控制、FPV模式和非方向锁定控制三种工作模式。姿态增稳指云台横滚（ROLL）和俯仰（TILT）方向不跟随飞行器ROLL/PITCH方向变化。

方向锁定模式（跟随模式）：当机头方向变化时，云台指向跟随机头指向变化，云台与机头保持相对角度不变。

FPV模式：云台指向与开机时飞行器机头指向一致，云台横滚方向的运动自动跟随飞行器横滚方向的运动而改变，以取得第一人称视角飞行体验。

非方向锁定模式（自由模式）：当机头方向变化时，云台指向不跟随机头指向变化，云台与机头保持相对角度可变。

（2）不可更换式。

随着厂家对于遥控设备和云台的一体化程度的增加，越来越多的无人机也采用了不可更换的航拍相机，与一体化遥控器等设备深度定制。一体化云台相机使用方便，无须调试，适合新手使用。质量较轻，体积较小，有利于增加飞行时间。一套集成相机的云台价格要低于云台+高端运动摄像机的组合，可以在飞行时使用APP调整拍摄参数，取得更好的拍摄效果。但是要升级相机只能更换整个云台，升级成本较高。

3.2.2　镜头

航拍相机的镜头一般多选择广角镜头。广角镜头除了拍摄画面视角宽广宏大以外，与云台的搭配和重心的平衡也是重要原因之一。

根据相机画幅尺寸和质量的不同，一般选择焦距为12~24 mm的镜头，很少使用变焦镜头。例如大疆Z15-5D I（HD）云台出厂前已根据Canon 5D Mark m相机和Canon EF 24 mm f/2.8 IS USM镜头完成调试，只需要安装上指定相机和镜头，并把它安装到飞行器上即可使用。不能自行调整云台或者改变其机械结构，也不要为相机增加其他外设（如滤镜、遮光罩）。要使用相机原装电池，以避免云台性能下降或内部线路损坏。

3.2.3　图传

图传指的是视频传输装置，作用是将无人机在空中拍摄的画面实时传输至飞手手中的显示设备上，使得在远距离飞行时飞手能判断无人机状态并获得相机的拍摄画面，以方便取景，正是有了图传后，才在操纵无人机时获得了身临其境的感觉。现有的图传主要有模拟和数字两种，而其组成部分主要有发射端、接收端和显示端三部分。

3.2.4 视频叠加系统

当操作电视机换台或调整音量、画质的时候，电视屏幕就会显示目前状态的图形或文字符号，里面的控制IC可在屏幕上的任何位置显示一些特殊字形与图形，成为人机界面上重要的信息产生装置。

在无人机图传系统中，视频叠加系统OSD（On-Screen Display）用于将飞行器各种状态信息叠加于图传系统传回的图像上。例如，飞行器位置信息、飞行速度、动力电池电压甚至每个电芯的电压等。一体式航拍飞行器还可以通过APP显示和调整航拍相机各种参数。

大疆iOSD MARK II 视频叠加模块还具有飞行数据记录功能，俗称无人机“黑匣子”，当飞行器出现故障导致坠机等事故时，可通过分析飞行数据判断事故原因。

3.3 无人机航拍技巧

3.3.1 做好检查工作

3.3.1.1 硬件检查

硬件方面，每个月都要对所有设备例行老化情况检查，并认真填好出入库检查单。航拍是高风险的应用领域，根据以往的经验，应在设备老化达到60%左右进行更换，避免出现安全问题。在无人机航拍作业中，拍摄前对于拍摄硬件的检查确认极为重要，是保证得到优质的空中拍摄效果的前提。

其中需要注意的是：

（1）图像传输系统如果在实拍环节受到干扰，导演/摄影指导无法实时收到空中拍摄信号，进而无法对拍摄进行指导，这在拍摄环节被视为拍摄事故。因此，在拍摄前，保障在拍摄过程中图像传输系统信号不被干扰的工作就显得格外重要。

（2）拍摄前期的准备工作中需要重点检查云台连接以及摄影机装载重心等问题，在拍摄前期要进行云台加载，以确保云台电动机工作正常。

（3）摄影机硬件检查也是拍摄前期不可或缺的工作之一，在每组航拍镜头拍摄完成之后，摄影机维护也是必不可少的，务必保证镜头成像不能出现灰尘等异物。

（4）监视器是最终画面的呈现，所以监视器校准调试也是非常重要的，监视器的亮度等指标要同现场监视器保持一致。

3.3.1.2　软件检查

飞行器电子部分更新检查。至少每月定期检查、升级一次。

3.3.1.3　消耗性配件保养

消耗性配件主要指锂电池。锂电池的应用在拍摄活动中无处不在，不但飞行器需要，摄影机、云台、监视器、图传等都需要电池供电，锂电池的保养也成为重要的一环。电池保养技巧：不过充、不过放、不满电保存、不损坏外皮、不短路、不着凉。为保证飞行安全，大型航拍器的电池，建议在厂家给出的极限标准的一半的时候进行更换。

3.3.2 做好飞行技术准备

航拍飞行，尤其是我们所说的商业航拍飞行，对飞行技术的要求是极为严格的。拥有飞行执照，是成为商业航拍飞行机师的前提条件，飞行机师的飞行技术最好的提升方法是参加国际性的飞行比赛来锻炼自己。飞行没有诀窍，多训练，练好手眼心的配合，尽量少地去依赖电子辅助，只有这样，当出现紧急情况的时候，储备的飞行经验才能够尽可能地避免事故的发生，降低事故造成的损失。

通常，在剧组拍摄时，会有大量工作人员以及群众演员在现场，起飞降落都不会有练习的时候那样绝对的空场地，在环境复杂情况下起飞降落时，地勤人员的引导及观察的作用极为重要，因此，在平时训练中，团队配合尤为重要，拍摄时，团队中每位成员除了做好自己的工作外，更要“眼观六路，耳听八方”，提高整体对紧急情况的预判敏感性，为安全作业提供更有力的保障。

熟悉第一视角的飞行模式，对航拍飞行技术的提升也有很大帮助。第一视角飞行是驾驶舱内的视角，第一视角对飞行的轨迹变化有着很好的辅助作用，看着屏幕飞的难度是非常大的，但是第一视角带来的速度感与穿梭感，是第三视角飞行无法比拟的，掌握多旋翼第一视角航拍飞行技术，能极大地弥补多旋翼飞行器自身的局限性，极大地提升无人机航拍飞行水平。

3.3.3 做好航拍前期规划

3.3.3.1 了解航拍区域

制定航拍规划的第一步，是要了解相关政策规定，在应用程序上查看航拍区域是否允许飞行和拍摄。要注意避开机场净空保护区、党政机关等敏感单位以及人员密集区域，远离繁忙的道路。须遵守当地有关法律、法规、规章和管理规定，履行适航资格、飞行资质、计划申报等相关手续。

每当要拍摄一个不熟悉的地点时，对于航空摄影师，可养成一个好的习惯——打开卫星地图软件，让自己对这个地点有一个清晰的概念和认知，包括空中视角、地面视角和安全预判等。卫星地图软件可以去除航空摄影师对某个地点天马行空的猜测和不切实际的期待。通过放大地图画面，摄影师可以快速看出一条路通往或连接着哪条路，哪里可以停车，哪里有林木线、栅栏、建筑物、墙体或私人房产。另外，地图可协助摄影师找到合适的航拍主体。通过“街景”功能，摄影师可以看到即将拍摄地点的实际情况。通过卫星地图软件整体浏览，摄影师还可以看看附近有没有有趣的图案、线条、设计或地标，提前知悉拍摄地点的情况，落实航拍计划，计划航拍的内容。

气象条件也是必须考虑的重要因素。从安全角度来说，大风、雨雪和大雾天气是不适宜无人机飞行的，风力过大会影响无人机的安全飞行，雨水会造成相机等电子设备的损坏，大雾影响能见度，能见度过低，对无人机在视线范围内飞行的要求就无法保证；从摄影创作角度来说，我们也需要了解目标地点的光照条件，晴天还是阴天、日出日落时间等对拍摄都有重要参考价值。

3.3.3.2　准备器材

检查无人机的各组件情况，包括外壳是否有裂纹、零件是否松动、螺旋桨磨损程度等，保证不会有影响安全、稳定飞行的损坏。如果较长时间未飞或飞行场地改变，进行固件版本升级和指南针校准也是必须做的。确保所有设备的电池都已充满，包括遥控器、移动设备和无人机的电池。还要检查存储卡是否已经正确插入。一切准备就绪后，飞行器状态提示栏会变为绿色，并显示可安全飞行。

3.3.3.3　观察环境

世界上所有的摄影设备，可能在技术上非常复杂，但是它们自己不会观察和思考。人们常说，“重要的不是相机，而是相机背后的脑袋”，说的就是这个道理。在航拍前，航空摄影师需运用观察力技巧，在脑海中想象如何从周围所看见的景物中挑选出有趣的和与众不同的事物，如何识别出图案、线条、色彩和影调，以及如何利用这些特征产生美好的效果，即视觉化的过程。

认真拍摄的人都会很快发现摄影有益于开发我们观察的能力，而航拍鸟瞰的视角更帮助我们从宏观的角度去思考。不要一路狂拍，从起飞拍到降落，看到什么拍什么，而要带着思想去拍，思考面前的景物将会如何呈现在最终的航拍作品上，注意到所看到的景物中包含的更有力度的视觉元素和信息——形态、纹理、色彩、人们所处的环境。这种观察本身就是一种使人兴奋并值得去做的行动，挑战如何把这些没头脑的机器以合适的时间放置在合适的地点，让一幅真正有力度的航空摄影画面从这些景物中脱颖而出。

3.3.3.4 选择起飞点

为了确保飞行安全，航空摄影师需要有宽阔的观察视野，能够保持多旋翼无人机在视距范围内飞行，而且需确保遥控信号和图传信号不被障碍物遮挡。因此，起飞点的选择是不可或缺的。要选择水平且视野开阔的地方，合理选择好起飞地点，起飞点要求空旷且没有任何障碍物。要避开行人，尤其是人群的聚集围观，因为这样容易对人身安全造成威胁，也会分散飞手的注意力。要避开细小的电线、风筝线、树枝以及透明的玻璃、水面等，因为对于细小和透明的障碍物，即使是有视觉避障系统的飞行器，也难以进行检测识别。要避开动物，如果飞行器侵入鸟类的领空范围，可能会遭到鸟群攻击，而且飞行器发出的超声波也有可能引起其他动物的不安。起飞点其实也是无人机的故障返航点，所以还要避开高压线、信号塔、金属物（高大建筑和停车场是金属物密集的地方）等，它们可能会干扰无人机信号的工作。

观察航拍画面起幅或落幅处是否有合适的前景，有助于我们预测拍摄效果，也可以作为是否选择该起飞点的一项参考。

3.3.3.5 航线规划

航线规划是视频航拍的组成部分，充分的准备工作将使航空摄影师安全、愉快地享受航空摄影乐趣。

航线规划中，拍摄者可以：

（1）起飞无人机对航路区域进行全景勘测。确认这条航线是否安全，包括飞行空间的大小和视觉死角。

（2）思考是否会飞到遮挡GPS信号的位置。

（3）观察是否存在可能对信号产生干扰的物体，如高压线和信号塔等。

（4）观测航线上存在的物体，预判画面效果：这条航线飞出的画面是否好看？进而对航拍飞行路线进行设计。

3.3.3.6 起草拍摄脚本

航拍不是盲目的随拍，不能等飞机飞到空中再思考怎么拍，而要事先做好计划。在拍摄工作开始之前，通过实地观察，我们应该知道自己的拍摄想法，如打算拍些什么，表达什么意图，达到什么效果。整部视频的风格怎么样？需要哪些素材？素材之间怎么衔接搭配？这些都是需要事先计划好的。

把在观察、思考的过程中产生的灵感都记录下来，用文字、手绘图片或者照片的形式在纸上描绘出来，通常设计成表格形式，就得到了我们的拍摄脚本。通常航拍脚本包括“地点”“内容”“镜头说明”“草图”“镜头时长”等基本内容，对飞行线路、镜头手法等要在“镜头说明”里有所描述。

3.3.4 掌握航拍构图技巧

从本质上看，航拍构图和地面拍摄构图其实没有区别，只是完成操作的方式有些不一样。摄影是一种交流和表达，构图是它的表达方式，能够更好地表达想法，就是好的构图，它能够消除随机性，有计划地安排观看者的视线。构图技巧即是不同的表达方式，在航拍中，构图的本质不变，地面拍摄的构图技巧也是依然有效的。

3.3.4.1 影视构图的特点

影视构图属于造型艺术，可以表现被摄物体的运动，也可以在运动中表现，这是与其他艺术本质的区别。

（1）运动性。

在影视构图中运动性主要存在两种形式：

①静态。通常是为了表达主观、唯美，发挥刻意、强调的作用。

②运动状态。通常表示随意、纪实，或者是下意识的，突出流畅和建立全新的视觉形式。

（2）完整性。

追求视觉风格的完整性也就是一种构图风格贯穿全片，完整体现。当然这种完整不是说面面俱到、毫无取舍。而是在完整的基础之上，可以有构图地局部完整（这是有别于美术构图的根本）。简单地说，是相对的完整，画面不要太慢、不要刻意的堆砌，有时简单反而最好。所有的构图都要有形式感，都要有调动各种元素充分组合和表达的可能。

（3）场景空间的限制性。

在影视构图中，一定要考虑场景，场景不仅承担叙事和表意的作用，它还限制构图创意发挥的物质基础。所有的构图都是在场景中实现的。所有的场景都决定了构图的风格。

（4）多视点和多角度。

在所有表现视觉的艺术中，只有影视构图具有多视点、多角度的特点。因此充分调度视点、角度是影视构图的主要特点。

①多视点是构图的核心。相比戏剧只能平面调度的单一视点而言，影视构图具有多视点的特点，充分认识这个特点，构图才会有新颖感。

②多角度是构图的关键。角度决定构图，多角度也是影视构图的关键。尽管摄影机跟前所有的物质都是可以调度的，也就是说是可以刻意摆出来的。但是，好的角度一定是“找”出来的，而不是摆出来的。想要得到好的

角度，一定要有“寻找”的思维，这样才能在影视作品中创造视觉的新鲜感——也就是形式感。

（5）画面比例的固定性。

了解三种画面比例。1：1.33（通常说的4：3）；1：1.85（通常说的16L9，高清电视采用的格式）；1：2.35（通常说的宽银幕）。了解这三种比例的目的，就是为了说明，我们在创作中要充分了解播出的环境。更高的比例，可以带来构图更多创作的余地，但是播出达不到也不可能实现创作意图。这个比例，实际上就是电影一开始的银幕尺寸，后来电视是根据银幕的习惯而设定的。

（6）现场拍摄的不可修改性。

由于拍摄画面的固定性，所以一旦在现场确定了构图，在后期是不能够做出太大的修改的，因此，在拍摄之前，就应该做到心中有数，把构图的设想考虑完整，不能等现场拍摄完毕，在后期中再来修改。

3.3.4.2　常用构图技巧

技巧一：九宫格构图，黄金分割。

被摄主体或重要景物放在“九宫格”交叉点的位置上。“井”字的四个交叉点就是主体的最佳位置。一般认为，右上方的交叉点最为理想，其次为右下方的交叉点。但也不是一成不变的。这种构图格式较为符合人们的视觉习惯，使主体自然成为视觉中心，具有突出主体，并使画面趋向均衡的特点，航拍中大多素材拍摄时适用。

技巧二：三分法构图，天地人和。

将画面分割为三等份，如拍摄风景的时候选择1/3放置天空或者1/3放置地面都是风景摄影师常用的构图方法。1：2的画面比例可以有重点地突出需要强化的部分。天空比较漂亮的话可以保留大部分的天空元素，整体画面也显得更为融洽，航拍中较适合于自然景观层次分明的素材拍摄。

技巧三：二分法构图，平分秋色。

二分法构图就是将画面分为等分的两部分，这在风景照的拍摄中经常使用。将画面分成相等的两部分，容易营造出宽广的气势。风景照中，一半天空一半地面，两部分的内容显得沉稳和谐。这样的照片层次平稳，容易出好片，但在画面冲击力方面略有欠缺。

技巧四：向心式构图，万向牵引。

主体处于中心位置，而四周景物呈朝中心集中的构图形式，能将人的视线强烈引向主体中心，并起到聚集的作用。具有突出主体的鲜明特点，航拍中较适用于建筑拍摄。

技巧五：对称式构图，平衡美感。

将画面左右或上下分为比例为2：1的两部分，形成左右呼应或上下呼应，表现的空间比较宽阔。其中画面的一部分是主体，另一部分是陪体。航拍中适用于运动、风景、建筑等拍摄。

技巧六：S形构图，曲韵丰景。

河流、人造的各种曲线建筑都是拍摄S形构图的良好素材，曲线与直线的区别在于画面更为柔和、圆润。不同景深之间通过S形元素去贯通，可以很好地营造空间感，给人想象的空间。带有曲线元素的画面让人物造型变得更加丰富，免除了平淡和乏味，在航拍中广泛应用（图3–2）。

图3–2　香港港岛航拍

技巧七：平行线构图，有条不紊。

自然界或者人为设置都可以拍到平行线的画面，这类画面的特点在于规整与元素重复，可以让画面营造出特别的韵味。尤其是自然界的重复元素，可以更好地烘托主题。

技巧八：星罗式构图，凌乱的韵律。

星罗式构图指的是将重复元素随机排布在画面当中，因重复元素具有统一性的缘故，可以获得一种特殊的协调性，画面具有不一般的韵律。而因为随机性的缘故，很容易引起观图者的好奇心。

技巧九：消失点构图，意境悠长。

透视规律告诉了我们近大远小的透视规则，所以在远方，我们可以看到平行线汇聚于一点，这个点被称作消失点，多选择这类画面进行构图不但可以让画面更具冲击力，而且平行线会引导观看照片的人将视线移至消失点，使得画面的空间感更强一些。若是拍摄创意人像，还可以将人物放置在消失点让观看者最终的焦点集中在人物身上，也可以获得视觉效果不错的风景。

技巧+：V形构图，风景剪刀。

V形构图的用意与S形构图相同，可以有效增加画面的空间感，同时让画面得到了更为有趣的分割。不同的是曲线换成了直线，画面变得有棱有角。直线条更容易分割画面。让画面各个元素之间的关系变得微妙起来。

3.3.5　掌握常用航拍技巧

航拍已经进入到普及阶段，更加成熟的飞行器，越来越稳定的云台，让航拍变得越来越容易。但是航拍有别于地面拍摄，要想拍摄出美丽的镜头，还是需要一些技巧的，以下是一些航拍时常用的技巧。

（1）远角平飞。以目标为构图的中心，在较远处平行飞行拍摄，针对标志性建筑等较突出大气目标。这是最基本的航拍手法，飞行器和镜头保持一个姿势往前飞。

（2）俯首向前。在起飞前调整好镜头的角度，然后保持直线向前飞行。

（3）镜头垂直向前。起飞前，将镜头调整到与地面垂直，然后保持直线向前飞行。

（4）向前拉高。飞行器先以较低高度向前飞行，接近被拍摄物体时逐渐开始拉高飞行器，从物体上方飞过。

（5）拉高低头。飞行器从物体上空飞过，镜头一直注视着被拍摄物体直到与地面垂直。

（6）直线横移。飞行器和相机在横移时保持姿态和高度不变。

（7）横移拉高。飞行器和相机保持个姿态不变，在横移时拉升高度。

（8）横移+拉高+向前。飞行器和相机保持姿态不变，而且在向斜前方横移的同时拉升高度。

（9）横移+拉高+后退。飞行器和相机保持姿态不变，在向斜后方横移的同时拉升高度。

（10）向前+拉高+转身+横移。飞行器接近被拍摄的物体时，要保持拉高向前同时逐渐把镜头转为横移。

（11）目标环绕。以目标为原点，圆周环绕飞行，针对静态航拍目标，多对立柱目标使用，如旗帜、风车、灯塔等目标。

对于左手油门的使用者来说，两个摇杆逆时针同时向外，顺时针同时向内。大疆飞行器支持自动兴趣点环绕功能，使用方法是飞机起飞后，将模式开关转换到F挡，只要开启兴趣点环绕模式，将高度提升至10 m，这时候飞行器所在的地方就是原点位置。紧接着要给环绕划出半径，控制飞行器向前飞行，5 m半径是环绕的最低要求，再然后只需要在手机上控制调整飞行器顺时针或者逆时针飞行以及飞行速度，点击立刻执行即可。

（12）向前+环绕。飞行器从向前逐渐转向左（右）横移，控制方向向右（左）转。

（13）飞越回头。这是非常经典的双控完成的镜头，飞手直接控制飞行器飞越目标，云台手控制镜头，始终让目标在画面中间位置。

（14）侧身向前。单人操作侧身向前的飞行姿态，需要多加练习才能掌握好。

（15）侧身向前+转身+侧身后退。此操作的难度在于飞行器由侧身向前转到侧身向后的连贯性和精确性。

（16）俯首后退。将俯首向前的航线倒过来，需要更加小心附近的障碍物。

（17）由近及远。以目标为构图中心，由近处向远高处飞行，突出气势。此操作难度较大，需要对飞行十分熟练。

（18）盘旋拉升。抓住目标特点，飞行中局部特写拍摄，以点带面，针对有特点的静态目标。盘旋拉升是用处非常多的拍摄手法。

3.3.6　掌握特殊效果航拍技巧

3.3.6.1　创意航拍

所谓创意航拍，指的是发挥航拍特色，利用好航拍独特的角度、光影等，结合摄影师自己的创意，拍摄出一些有独特趣味的照片来。

（1）影子的妙用。

在太阳角度较低的时间段，地面的影子被拉得很长。这时如果进行俯拍，影子会成为被摄主体，而真正的物体反而在画面中被忽略。利用影子形成的图案，摄影师可以讲一个有趣的故事。

（2）地面作画板。

在一些地面线条清晰或场景单纯的场合，让被摄人物躺下来，以地面为背景进行扣拍，就像是以地面作画板一样，拍摄具有二维平面效果的照片（图3-3）。可以直接在简单的地面背景上拍摄，如草地、沙滩，也可以利用地面上的一些明显的线条，让线条成为画面图形元素的一部分，形成故事性强的画面。后期处理时可以手绘或添加一些插画效果，以增强故事性。

（3）小星球效果。

航拍作品可以通过后期制作出一些有趣的特效，小星球效果就是一例。虽然地面拍摄也可以后期制作出这个效果，但无人机航拍中独特的俯视角度更适合小星球效果的应用。拍摄时飞行高度不宜太高，让地面的景物更加有立体感，这样出来的小星球效果更好。

图3-3　地面作画板

小星球效果的后期主要通过Photoshop来完成，要用到全景接片、图像旋转，以及“扭曲”“极坐标”等滤镜，可能还需要对画面进行修饰。技术较复杂，有兴趣的摄影师可以尝试。

3.3.6.2　延时航拍

延时航拍（Time-lapse Photography）是一种将时间压缩的拍摄技术，能够反映时间的流动。常见的延时拍摄主题有天文现象、自然风光、城市生活等。

打开无人机相机菜单，设置“拍照模式”为“定时拍摄”，使用JPEG照片格式，根据需要设置定时拍摄时间间隔，通常可选择定时间隔为2 s、5 s、7 s、10 s、20 s、30 s；使用RAW格式拍摄，可选择定时间隔为10 s、20 s、30 s。常用的选择为2 s，即相机每隔2 s自动拍摄一张照片。

延时拍摄的时间我们可以自己计算。假如说需要拍摄一段5 s钟的延时视频，每秒25帧，若每隔2 s拍一张，大约需要拍摄5 min的素材；若每隔5 s拍一张，则需要拍摄10 min以上。

将无人机飞至合适高度，并取景和调整，构图确认后，点击开始拍摄，飞行器将按照设置好的间隔时间进行拍摄。期间，必须保持飞行器和相机稳定不动。有的无人机有增稳功能，如Phantom 4 Pro有三脚架模式，可以更方便精准操控，最好加以利用。通常，一段延时视频需要拍摄150张或更多照片。

使用Adobe After Effects或Adobe Premiere等后期制作软件时，导入延时航拍的序列图片，新建项目并输出视频，即可得到延时影像。此外，在后期制作时，可以在时间线上进一步调整图像序列的素材速度，以此来改变延时影像的最终速度。有的无人机的智能飞行模式提供自动合成延时视频的功能，这使得延时摄影变得更加容易操作，但要获得更好的拍摄效果，还是建议以原始照片通过后期软件合成为佳。

3.3.6.3　全景航拍

（1）180° 水平全景。

全景拍摄模式有180° 水平全景或360° 球形全景等。水平全景可以通过无人机水平旋转的同时拍摄多张照片组合而成，现在许多无人机都可以自动合成全景图（图3–4）。

图3–4　航拍青岛海军博物馆全景

（2）360° 球形全景。

这里重点介绍难度较高的360° 球形全景航拍。在网上打开360° 全景航拍作品时，先显示一张星球图，展开即为360° 虚拟实景。利用全景图，观众可以自主选择观察角度，从空中了解周边环境。相当于有一张直观的立体地图。全景图常应用于环境展示中，如房产广告等。

360° 全景航拍是由多张图片拼合而成，拍摄者首先需要将飞行器飞至合适高度。对全景航拍而言，选定合适的高度即确定构图后，将云台或飞行器绕圈一周，检查确认画面中除天空以外的所有主体都已完整显示，若主体没有完整显示，则需要继续升高或调整云台俯仰角度，直至主体完全露出，否则后期合成时将无法弥补主体缺失部分。

全景图片通常都会面临光比大的问题，最好设置拍照模式为AEB包围曝光。期间，必须保持飞行器高度稳定不动，水平转动云台开始拍摄，遵循每张图片之间至少有30%及以上的重合部分。记下拍摄第一张图片时取景框内的主体，拍摄完一圈回到这个主体时，就可以调整云台俯仰角度，继续拍摄第二圈。同样，俯仰角度应遵循与第一圈拍摄图片至少有30%及以上的重合部分。一般需要拍摄三圈再加一张扣拍照片即可覆盖全部画面。

拍摄完成后要对照片进行微调，让所有照片曝光自然协调。如果拍摄日出日落，尽量不要让太阳所在的大片区域过曝太多。

制作全景照片还需要天空素材，最好是在航拍结束后立即用单反广角镜头在地面拍一圈天空镜头，再接片形成一张天空素材照片。平时也可以注意积累天空素材，实在没有，下载一张也行。

后期制作可以使用接片软件将所有图片进行合成。

3.3.7 掌握特殊环境航拍技巧

3.3.7.1 夜景航拍

夜景拍摄要选择合适的时机。很多初学者的拍摄时机不对，拍出来的夜景天空晦暗或者死黑，这就使得作品效果大打折扣。首先是选择天气，天空灰蒙蒙的时候不拍。而在太阳刚刚落下，华灯初上的时候拍摄，拍出来的片子会相映生辉，效果会更好。比如秋冬天季节下午6点左右太阳落山，此时天气会更通透，路上的上下班车流会更多，会更好看一些（图3–5）。

图3–5 夕阳下的福州闽江大桥

如果设备支持，一定要用RAW格式拍摄，要为后期做出最大的余量。拍夜景不能用自动曝光拍摄，要手动控制曝光，ISO 400以下，否则感光度太高，噪点过大。要选择无风或者弱风天气拍摄，安全是一方面，主要是为了拍摄清晰度。因为夜景低感光度下，虽然用大光圈，曝光时间也比较长，稍有振动就会拍摄失败。

夜景航拍的注意事项：

（1）夜景拍摄主要是拍摄城市灯光建筑，因此飞行高度和飞行距离要尽量缩短，避免干扰。

（2）白天提前观察好地形，做到心中有数，大体行走路线上别出现晚上看不到的障碍。特别是留意空中如果有电线，绝对不能飞。

（3）选择站在稍微空旷一点的广场起飞，避免飞到高楼后面。

（4）尽量在离开人群的地方起飞。

（5）起飞前一定要做指南针校准。

3.3.7.1 雪景航拍

航拍美丽的雪景，伴随着飘落的雪花都是重要的冬季素材。但是在寒冷的地方，经常会出现把飞机从室内拿到室外后，镜头里面有一层薄薄的雾气，甚至出现水珠现象，这时最好就是把飞机放回箱子里，让它慢慢适应了温度后再拿出来，这样会好很多。而且下雪的时候要注意，由于天气比较冷，要避免在低温下长时间拍摄，以防止机器老化。

无人机在雪天飞行的时候，桨叶高速转动，会把雪花全部吹向周边，一般的无刷电机是不怕水的，但是温度过低可能会使螺旋桨或机身结冰，会破坏平衡和增大阻力。

（1）参照物和背景的选择。

拍摄雪景一定要掌握好拍摄技巧，否则拍出来的画面不仅不美，而且还会令人头晕眼花，满眼全是雪的景色看上去可能有点沉闷，可以加些有色彩的物体以增添雪景的亮点。例如利用挂满冰凌或铺着厚厚的积雪的青松树枝、点缀着花花绿绿的广告标牌的灯杆，或者是建筑物等作为拍摄的前景，可以增加空间深度，提高雪景的表现力，使得整个画面的内涵更加丰富，不至于因为白茫茫的一片而使观看者产生厌倦的情绪。拍摄白茫茫的雪景时要把曝光增加1~2挡，因为在雪景中，强烈的反射光往往使测光结果相差1~2级曝光量（图3-6）。

（2）白平衡的调整。

在雪地里，周围特殊环境的影响往往使得相机的自动白平衡功能并不能十分准确，而手动调整的精确程度要胜过自动调整，因此这个时候最好采用手动功能来调整相机的白平衡，因为只有相机的白平衡设置是准确的，色彩才能被正确还原。虽然雪景都是白茫茫的一片，但是随着时间、周围景物等的变化，白雪也会表现为不同的白色，所以，在拍摄不同景别的雪景时，还要注意随时调整相机的白平衡。

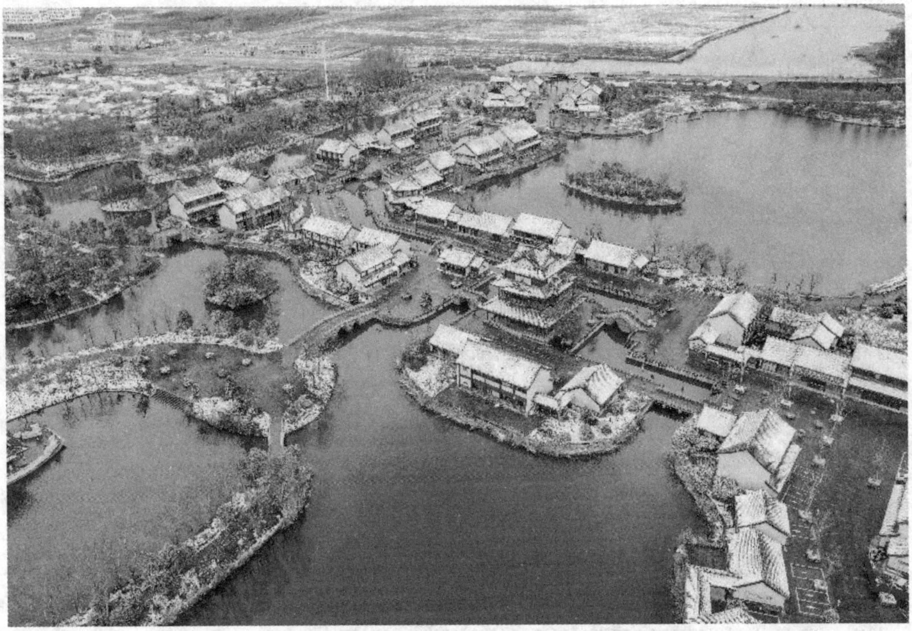

图3-6　航拍江苏淮安水釜城景区雪景

（3）冬季飞行要注意的问题。

①飞行前，务必将电池充满电，保证电池处于满电状态。将电池充分预热至25℃以上，以降低电池内阻。建议使用电池预热器，对电池进行预热。

②起飞后保持飞机悬停1 min左右，让电池利用内部发热，使自身充分预热，降低电池内阻。对飞机电池进行保温措施，如给inspire贴电池海绵垫，给phantom的机身散热格栅贴胶条阻隔空气流通。

③把报警电压提高。DJI飞行器的电压和电池百分比可以一起参考避免蓄电导致百分比数据不准。把报警电压提高（比如单片报警电压调至3.8 V）。在DJIGO里，还可以把低电报警从30%调高到40%，因为在低温环境下压降会非常快，报警一响立即降落。无论怎么放置电池，一定要保证是干燥的环境，也尽量避免在很低温的情况下对电池进行充电。

3.3.8 注意其他细节

无人机航拍除了做好拍摄前的检查工作、提高飞行技术外，还需要注意以下细节。

3.3.8.1 影视行业的工作时间

在外景天气受限，要“抢戏”的时候，拍戏日工作时间会超过一个班次，也就是8 h，因而要注意安排好团队的休息。在拍摄前期要与剧组制片沟通好，要对项目每天的工作量有预估，想好对策，保证飞行安全。

3.3.8.1 过硬的摄影方面的技能

对于空中摄影师来说，推拉摇移的镜头运动一个也不会少，要想做个合格的空中摄影师，必须经过专业的摄影培训，就如同飞行机师拿到飞行执照一样。另外空中摄影师最好也会飞行技术，这样更有利于拍摄。拍摄是一门非常高深的技术，但可以通过参照大量优秀影片航拍画面进行镜头模仿。比如《碟中谍》系列、《速度与激情》系列中的特技拍摄镜头，参考镜头语言、叙事方式带来的镜头运动方式与构图，多去实践，积累经验。

3.3.8.3 航拍摄影师前期后期都要懂

对于空中摄影师来说，一定得是个多面手。熟悉影视制作的各个流程，才能更好地站在拍摄方角度想问题。我们对拍摄质量的要求，不是现场有多少条视频通过了，而是从后期剪辑上看有多少条视频能用。因此，必要的后期剪辑知识也是空中摄影师需要具备的基本功之一。

要想成为航拍高手需要学习的地方还很多。希望更多人立志于去深耕这个行业。我们现在是无人机航拍大国，未来一定要成为无人机航拍强国。让我们为拍摄出世界顶级的无人航空作品而不懈努力。

3.4　无人机航拍应用

随着拍摄设备的小型化，无人机航拍也将出现非常细分的领域。无人机+5G，将让我们拥有新的赛事观看体验，用VR技术进行实景直播，真正的身临其境。

3.4.1　影视航拍

随着人工智能以及5G技术的蓬勃发展，无人机在影视领域的应用也将更加多元化。无人机除了在摄影方面的应用之外，在移动灯光运用、拍摄场地器材运输等方面都能大显身手。影视航拍的应用包括电影航拍、广告航拍、电视和综艺节目航拍、纪录片和宣传片航拍等。无人机的兴起将以往动辄数十万花费的直升机航拍成本大大降低。使用成本的降低、航拍创作自由度的增加，以及航拍为影视创作带来的独特上帝视角和视觉享受，都带动了无人机影视航拍的应用和普及，使之成为影视拍摄的标配。复杂的多场景应用是无人机非常突出的特点，无人机在影视方面的应用，未来前景极为广阔（图3–7）。

3.4.2　城市宣传片航拍

城市的建筑物都有属于当地的独特设计风格特点，都带有目的性与艺术性特色。通过航拍俯瞰一座城市（图3–8），观赏者可从日常所不能看到的视角感受城市规划的艺术魅力，为其轮廓叹为观止。政府、企业单位在对外宣传和推广时，用空中俯瞰图能够更全面、真实地反映城市、企业的规模与实力，可以更好地展示自己的优势。

图3-7　中央电视台无锡三国水浒城景区

图3-8　无人机航拍城市

3.4.3　赛事直播

由于航空摄影具有不受地面交通限制、视角广、响应快的特点，适合于大型活动的直播，能从多角度补充传统地面拍摄的不足，使观众能够看清活动现场的每一个地方，减少视觉障碍，身临其境。

3.4.4　测绘作业

多旋翼无人机用于地形测绘，是遥感领域的新型技术，其以机载相机获取地形信息，用专业的测绘作业航拍软件图像信息进行处理，并按照一定精度要求制作成图像。无人机测绘成本低、工期短、省人力、易转场，能很好地适应复杂的野外环境，可广泛应用于城市规划、市政管理、海环境监测、矿产资源勘探等领域，有着广阔的市场需求。

3.4.5　工程监测

大型工地施工现场，点多线长，安全管理一直是困扰管理者的问题。对于复杂的现场，安全质量管控盲区较多，监测需要花费不少的人力和财力。相比传统的人工巡查，多旋翼无人机可以实现快速巡航，将现场图像回传至管理人员的移动设备端，协助安全管理（图3–9）。

图3–9　无人机在上空拍摄工人在工作的画面

3.4.6　野外搜救

多旋翼无人机通过搭载热成像相机，可突破光线和环境的限制，即使在黑夜、浓烟或树林中也可以辨识搜索目标，提升搜救效率。以消防部门为例，启用无人机，可以不受道路状况影响，直观地展示火灾现场情况，帮助消防员定位着火点，在安全区域对火灾现场进行监控。消防队可清晰地观测火势蔓延路径，评估可能出现危险的建筑或区域，为指挥人员及时提供信息，做出现场决策。

3.4.7　新闻报道

新闻报道需要在新闻事件发生的第一时间抵达现场，尤其是战争、自然灾害、重大事故或者疫情等重大事件发生时，无人机可以出现在人员无法到达的第一现场，帮助记者拿到独家新闻。

3.4.8 警察执法

多旋翼无人机执法在警用领域多种多样，例如，在搜捕行动中，无人机作为空中视角，结合地面设备可对搜捕工作有较大幅度的效率提升。对地形复杂区域进行搜捕，可首先通过无人机拍摄现场全景图，结合案情在地图上初步掌握线路、地形和重点部位等信息，并对重点的地形地貌、线路及需要重点搜索的部位进行必要的标注。通过对地图分析、地形研判和对案情的分析，尽可能地缩小搜索范围，合理划分搜索网格和分配飞行任务、规划搜索航线，做好飞行及搜索安全预案，提高搜索的安全保障及效率。

第4章　无人机植保技术及应用

近年来，植保无人机及其施药技术在我国取得了长足的进步。无人机植保作业，既是无人机与植保作业技术，又是农药与剂型的专业工程技术。植保技术与适用于无人机施药的农药新剂型的发展以及传统农药产品标签的改进为施药技术的改善提供了空间。懂得无人机及其操控、植物病虫草害的防治技术是关键，同时也要明确农药剂型是影响农药实际使用效果非常重要的因素，不但能改善雾滴雾化过程、减少雾滴飘失，而且可以提升农药雾滴在靶标作物表面的持留量等。

4.1 植保无人机的发展及系统组成

4.1.1 植保无人机的发展

4.1.1.1 国外植保无人机的发展

飞行器在植保行业的应用始于载人航空飞行器在农药喷洒方面的应用。在1918年，美国首次利用载人飞机对棉花地进行农药喷洒，从而打开了航空飞行器在农用领域应用的大门，也引起了农业生产方式的变革。紧接着在1922年，美国将JN-6军用飞机进行改良，将原本用于装载军用武器的装置改成装载农药喷洒装置，然后对植物进行喷洒实验，发现无论是工作效率还是效果都非常令人满意。同年，苏联爆发了大规模的蝗虫灾害，借鉴美国使用载人飞机成功进行农业作业的经验，苏联采用飞机喷洒药物消灭了蝗灾。1949 年，美国开始研制专门用于农业的农用飞机。从此在当时的两个超级大国不断体会到航空业对农业的积极促进作用后，全世界都开始对农用航空业进行不断地探索与研究。受限于载人飞行器体积、作业方式、起降条件等因素的限制，以及在二战后无人机的使用越来越广泛，各个国家开始渐渐将农业航空的发展重心，由前期的载人飞机转向无人机。目前，在作为农业强国和科技强国的美国和日本，无人机在农业方面的应用范围非常广泛，据统计，美国无人机施药面积占其国内总施药面积的60%以上，日本无人机施药面积占其国内总施药面积的45%。日本的农业植保无人机及其配套施药技术发展比较成熟，已达到在短时间内加注汽油、补充药剂、实现傻瓜式操作的水平，施药效率很高。

4.1.1.2 我国植保无人机的发展现状

由北京中航智科技有限公司研发的植保无人机TDN-01大型农用无人直

升机，载药量已达到80 L，是目前国内农用无人机中载药量较大、续航时间较长的典型机型。按每个架次20 min计算，每天8 h作业时间，理论上一天可以作业2 000亩。未来，我国农业的规模化、机械化和无人化有望成为新趋势。

随着大疆无人机自动化配套软件的逐步完善，大疆公司推出了T16植保无人机，它的药箱容积为16 L，因为搭配了大疆强大的软件系统，可以提前设定好程序，包括设定速度、设定面积、设定轨迹等，让无人机自动完成喷洒农药的工作，让农民的操作更轻松简单。现在，只需要一位飞控手能完成农药喷洒作业。

极飞P20植保无人机是广州极飞科技有限公司旗下的植保无人机，该机采用了新型SUPERX2 RTK飞行控制系统，搭载GNSS RTK定位模块和变量喷洒系统。极飞P20整体机身采用了“防滚架”设计，在整体结构上增加了30%~60%的强度。机身也多处采用了碳纤维、高强度镁铝合金等材料，整机防水等级IP67，达到了“全身可水洗”的能力。一台无人机仅需10 min即可装配完成，既方便远距离运输，又缩短了维护时间。P20植保无人机采用了四向雷达，实现全向避障和绕障的能力，用户可以实时收到飞机故障短信提醒。植保作业时最大喷洒流量可达5.6 L/min。

深圳天鹰兄弟无人机创新有限公司生产的TY-777无人机由锂电池驱动；飞机重量轻，一人即可独自搬运；实现了智能操作；采用德国进口无刷电机，免维护；杀虫效率达90%以上，节水90%，节药40%以上；每小时作业面积最高可达60亩；适应任何作业环境（深水田、丘陵、高山、灌木），用途广（施药、施肥、除草剂、制种授粉）。

4.1.2 植保无人机的系统组成

植保无人机组由飞行器、飞控系统、喷雾系统和地面操作人员等组成，与农药及施药技术共同形成一个完整的农药高效应用系统。本节主要介绍前三者。

4.1.2.1　飞行器

飞行器按旋翼分，可分为单旋翼（单轴，即单轴直升机）与多旋翼（多轴）两种，目前我国多旋翼植保无人机已形成系列，包括4旋翼、6旋翼、8旋翼、18旋翼至24旋翼多种类型。飞行器按动力分，可分为油动与电动两种。从2008年开始，我国植保无人机市场上以油动单旋翼直升机为主，油动单旋翼植保无人机市场占有率高达95%以上，2012年，植保无人机市场上的机型发生了根本性的变化，各类电动多旋翼植保无人机市场占有率高达98%以上。2017年年底，我国各类植保无人机共有233种，生产厂家300多家。2022年，我国植保无人机市场规模有望增长至300亿元。

4.1.2.2　飞控系统

无人机飞行控制通常采用分层控制，包括姿态控制、航向控制、速度控制和位置控制。为了高效地完成植保任务，植保无人机的控制模式分为自动起飞、自动降落、自动返航、半自主业和全自主作业等模式。遥控系统分为地面遥控器（见图4-1）和机载接收机。

图4-1　植保专用遥控器

4.1.3.3　喷雾系统

植保无人机的喷雾系统主要由药箱、雾化装置、液泵及其附件（稳压调压装置）等部分组成（见图4-2）。

图4-2　植保无人机喷雾系统主要组成（天鹰TY999B燃油动力植保无人机）

综上所述，考虑到植保无人机这一新兴行业的快速发展，深入研究植保无人机低空低量施药技术的迫切性不容忽视，更好地认知新兴的无人机施药技术有助于优化无人机设计、推广与应用，促进农药的高效、安全使用，为中国农用植保无人机市场的健康、有序发展做出贡献。

4.2　单旋翼植保无人机

无人直升机一般由主旋翼、副翼和尾旋翼构成。“单旋翼”，顾名思义，只有一幅主旋翼。一般无人直升机都设计有副翼，近几年随着无人机飞控技术的逐渐成熟和智能化，电池动力无人直升机已经取消了副翼，机体结构变得简单，降低了无人机拆组装和维修技术难度，使产品更加适合应用与推广。按旋翼的桨叶数量来分类，目前市场常见的有两桨叶、三桨叶两种类型；从动力上来分，可以分为油动单旋翼植保无人机、电动单旋翼植保无人机。

4.2.1　电动单旋翼植保无人机

采用两桨叶的天鹰兄弟3WD-TY-17L型电动单旋翼植保无人机如图4-3所示，以其为例分析电动单旋翼植保无人机的结构与组成。

图4-3　天鹰兄弟3WD-TY-17L型电动单旋翼植保无人机

4.2.1.1　电动单旋翼植保无人机的结构与组成

3WD-TY-17L型电动单旋翼植保无人机采用结构相对简单、技术成熟的单轴、两桨叶、尾桨式布局。据统计数据表明，微小型单旋翼无人直升机系统中，有15%~20%的故障是由结构复杂的贝尔-希拉式带副翼结构旋翼头的机械失效引起的。3WD-TY-17L型电动单旋翼植保无人机采用目前风靡全球的微小型直升机无副翼电子增稳结构系统，这种结构设计极大地简化了机械结构，提高了无人机系统的可靠性，同时旋翼系统的效率得到提升。根据空气动力数据分析，贝尔希拉式小翼在旋翼系统中约消耗8%~17%的旋翼功率，简化后的旋翼结构系统有效提升了载荷能力，这对于植保无人机作业中的药液载荷增加具有极大意义。

3WD–TY–17L型电动单旋翼植保无人机机身主体及大部分零件主要采用进口高强度7075航空铝合金材料进行镂空设计，一体化加工成型，具有密度低、强度高、一致性好等特点。其中，尾管、主旋翼、尾旋翼、喷洒杆等采用3K碳纤维复合材料加工而成，具有极高的载荷能力和抗变形特性。无人机自身质量小，空机质量仅为10.5 kg，满负载飞行达32 kg，空机质量载重比达2。流线形外壳减少风阻，滚塑一体成型的凹形钻石体药液箱及低重心设计，极大地降低了飞行中由于药液晃动造成的不稳定性。旋翼与喷杆折叠设计，使工作开展及产品转场运输更高效、方便。动力系统采用高性能无刷电机搭配高能量大倍率电池，配备智能飞控系统实现全自动作业飞行。

3WD–TY–17L型电动单旋翼植保无人机飞行平台主要由无刷电机、控制设备、农药喷洒设备旋翼头、机身主体、传动机构和尾波箱等部分组成。各部分在无人机上的位置如图4–4所示。

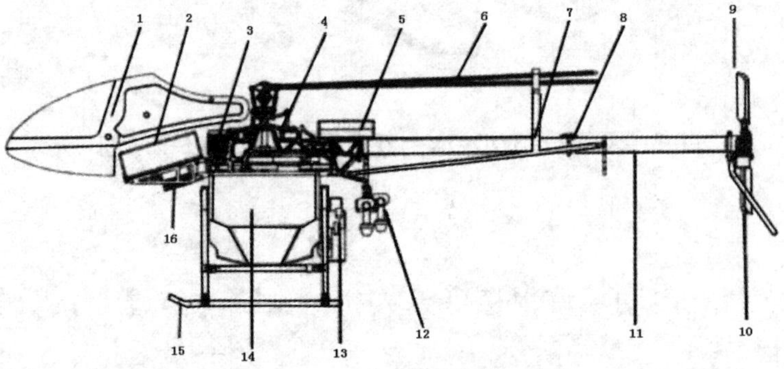

图4–4　WD–TY–17L型电动单旋翼植保无人机机体结构图

1.头罩；2.电池仓；3.无刷电机；4.机身主体；5.主控制盒；6.主旋翼桨；7.桨拖；8.GPS；9.尾旋翼桨；10.尾波箱；11.尾管；12.喷洒系统；13.水泵；14.药箱容器；15.起落桨；16.无刷电子调速器

4.2.1.2　电动单旋翼植保无人机的维护与保养

植保无人机属于精密器械，任何零部件的微小变动都会影响其正常飞行状态和使用寿命。因此，不仅在其使用、运转和存放的过程中应该小心谨慎，对其日常维护与保养也应注意，这些在很大程度上决定了设备的使用寿命。以下为日常维护、清理与保养相关方法。作业期间，每天检测主旋翼头及尾旋翼头各螺丝固定情况、大桨松紧情况；检测主轴横向晃动及尾轴旋转面晃量情况，如晃量过大，建议与厂家联系处理；检查主旋翼变距结构及尾轴变距结构，变距系统清洁后，特别是轴承清洁后建议涂上润滑脂；检查主皮带、尾皮带，注意是否有少齿、分叉以及其他可能导致断裂的情况，并检查松紧度是否适合；每天进行整机清洁，包括机身主体、喷杆、脚架、头罩、主旋翼等外露结构部件，特别针对药箱及各喷头进行重点清洗，防止农药长时间滞留产生腐蚀或结晶造成滴漏、堵塞；清洗过后，对外露螺丝建议涂上润滑脂，以达到润滑、防锈、防腐蚀的目的。非作业期间，注意遥控器防潮、防尘、防暴晒，确保各个操纵杆、按键都正常工作；植保机存放点需注意防火、防潮、防尘、防暴晒，远离可能形成线路漏电场所；长期不使用的电池应确保电池单片电压在3.85 V左右进行储存。此外，在植保飞行作业前还需针对整机做飞前检查，包括植保机电池.遥控器电池电量充足；植保机电池已固定，电源线连接牢固；整机的螺丝无异常松动；整机金属球头无异常松动；传动皮带无松弛、破损；整机轴承运作顺滑，主轴与尾轴上的滑块运动无干涩；主旋翼、尾旋翼均已完全展开并形成直线状，螺旋桨松紧度适中；喷杆正确展开，安装稳固；喷洒管道及喷嘴无堵塞；喷头是否正常工作；等等。

4.2.2　油动单旋翼植保无人机

4.2.2.1　油动单旋翼植保无人机的结构与组成

油动单旋翼植保无人机与电动单旋翼植保无人机相比，除动力源不同之外，其他的工作原理基本相同，此处以全丰3WQF120-12型油动单旋翼植保无人机为例。其结构分为机壳、机体、动力系统、离合器系统、冷却系统、变速装置系统、主旋翼系统、尾旋翼系统、飞行控制系统、电路系统喷雾系统、地面控制系统和起落架等（见图4-5）。

图4-5　油动直升机

下面对油动单旋翼植保无人机组成进行简要介绍（部分小节中涉及电动单旋翼植保无人机知识）。

（1）机壳。机壳除作装饰（尾部的垂尾在植保作业之外的高速飞行中还起到保持尾部平衡、减少尾部动力做功的作用）之外，还有防止植保无人机在作业过程中农药雾滴对飞机腐蚀的作用。有全包机壳、半包机壳，一般使用材料为FRP、ABS树脂。

（2）机体。机体是用于安装动力系统、冷却系统、离合器系统、变速装置系统、主旋翼系统、尾旋翼系统、飞行控制系统、电路系统以及起落架等装置的构架。一般分为侧板式结构与机架式结构。侧板式结构指动力系统、离合器系统、冷却系统、变速装置系统、主旋翼系统、尾旋翼系统、飞行控制系统、电路系统和起落架等装置安装在左、右两片侧板之间的设计方式。而机架式结构就像楼房的梁框，飞机的动力系统、冷却系统、变速装置系统、主旋翼系统、尾旋翼系统、飞行控制系统、电路系统和起落架等装置安装在梁框里面。

（3）动力系统。汽油发动机一般使用双缸、水平对置、水冷发动机，其原因在于植保无人机在高温、高湿、低速下飞行，无法通过高速飞行来解决飞机散热的问题。而使用双缸水平对置主要是解决飞机震动的问题，水平对置利用活塞的相向运动可以抵消因发动机做功而带来的偏向震动，从而解决对控制系统中陀螺的影响，提高了飞行的可靠性。

（4）离合器系统。离合器系统位于发动机、减速装置之间，用于从启动到高速阶段的结合，从而使得发动机顺利过渡，一般使用的是离心式离合器。

（5）冷却系统。冷却系统是用于给动力散热的系统。油动单旋翼植保无人机多采用水冷散热，利用水泵把发动机缸头的水冷通道和散热交换器连接起来。散热器上安装有电子风扇，当发动机超过预定温度时，电子风扇开始工作来确保发动机工作安全。市面上也有用风扇直接冷却发动机的结构，但是很难解决植保无人机在高温作业下形成的热衰减问题，现大多已被淘汰。

（6）变速装置系统。由于发动机或者电动机的转速很高，无法直接用于主旋翼和尾旋翼系统，需要减速后用于主旋翼和尾旋翼系统。变速装置一般分为变速箱减速、皮带减速和皮带与变速箱混合减速三种方式。变速箱减速的优点在于减速震动小；缺点在于质量大，与发动机硬性连接，从而维护保养成本高、维修速度慢。皮带减速的优点是结构简单、质量小、维护方便；缺点是震动大、对皮带的质量要求高、可靠性相对低。皮带与变速箱混合方式性能在两者之间，具有维修速度快性能相对可靠的优点，安阳全丰采用的就是变速结构方式。

（7）主旋翼系统。主旋翼系统（见图4–6）是为单旋翼植保无人机提供升力的系统，由旋翼头、旋翼片（桨叶）、螺矩臂（用以改变旋翼片的螺矩角度，通常位于旋翼片前缘或后缘上）、十字盘系统（又称倾斜盘，装有万向接头，可在360°内向任何位置倾斜。舵机首先使倾斜盘倾斜，然后再将此倾斜角度传达至稳定翼或旋翼角，起到前、后、左、右的变化）所组成。通过螺距（螺距是指螺旋桨与水平位置的角度）的改变完成飞机的上升、下降、前进、后退、左右横移的动作。在动力充沛的情况下，螺距越大，上升速度越快，拉力也越大。十字盘系统是用于主旋翼控制飞机做上升、下降、前进、后退动作的系统，用于改变各个方向的螺距，从而形成飞机的各种动作。上升，通过调整十字盘系统使得螺距均匀变大，从而使飞机爬升；下降，通过调整十字盘系统使螺距均匀变小，从而使飞机下降；前进，通过调整十字盘系统使得飞机前部方向螺距小，后部方向螺距大，从而使飞机变成前低后高，在作用力下，飞机向前飞行；后退则反之。左右横移采用的也是这种原理。

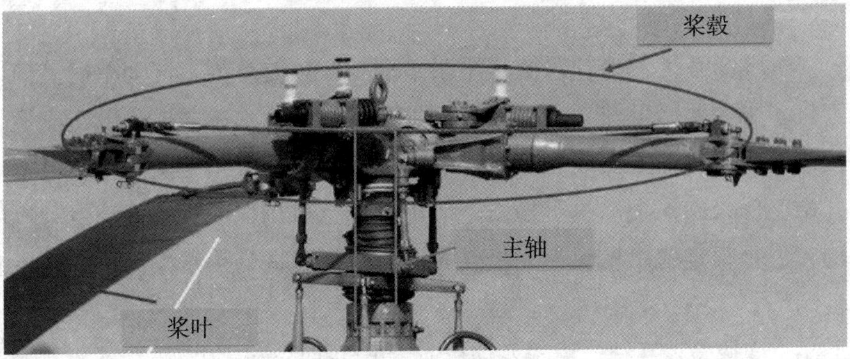

图4–6 主旋翼系统

①主桨毂；②T头；③相位器；④连杆；⑤十字盘

（8）尾旋翼系统。尾旋翼系统是控制飞机尾部平衡及转向动作的系统。其由尾管、尾管支撑架、尾旋翼控制件和尾传动部件组成，主要用于控制飞机的平衡。由于单旋翼直升机主旋翼在旋转过程中会产生相反方向的扭力，从而会造成飞机在空中自身旋转，这样，就需要相反的力量来控制飞机的平衡，尾旋翼就起到这样的作用。现在尾旋翼都安装了平衡控制系统，自身能够保持飞机的尾部平衡，克服主旋翼旋转时产生的扭力。尾传动部件分轴传动和皮带传动两种结构。轴传动优点在于功率损耗小，震动小；缺点在于一旦飞机坠毁会造成尾部变速箱和主变速箱的损坏，损失大，因而大多用于高空作业的无人机设计。皮带传动的优点在于易维护保养，坠机损失小，维修成本低；缺点在于尾传动效率低，震动大。一般植保无人机多采取皮带传动的方式，典型代表为日本雅马哈植保无人机。国内安阳全丰植保无人机也采用这种传动方式：尾管是支承尾部传动的部分；尾部支撑架用于防止尾管发生共振现象，是用来增加机架和尾管强度的部件。

（9）飞行控制系统。飞行控制系统是植保无人机的大脑，控制飞机空中平衡，并能够根据地面控制系统指令来完成航空植保作业的系统。该系统一般包括GPS天线、磁罗盘、控制器，并与机载接收机以及传感器、其他喷洒传感器相连接。现在已可以与定高传感器和避障传感器相连来实现仿地飞行和避障飞行的功能，从而使得植保作业更安全。它还可在飞行过程中给后台或地面控制系统实时发送位置坐标、流量、电压等飞机信息。

（10）电路系统。电路系统用于连接单旋翼植保无人机各个电子元器件的电路部分。电路系统的可靠性也是影响植保无人机的重要因素，因而在无人机生产过程中采取“能焊接不插接”的方式，在插接部分一般使用航空专用插头，或者杜邦插头与热收缩膜来保证插头不松动、不氧化，从而保证飞行的安全。

（11）喷雾系统。喷雾系统（见图4-7）是利用植保无人机下压风场来进行植保作业的喷洒部件体系，包括药箱、水泵、喷洒安装件、喷头、流量计和液位感应器，并与飞行控制系统相连接，是植保无人机能够进行有效作业的关键部位。其特征是最大限度地利用植保无人机的下压风场，指标是穿透力和沉降密度，这也是实现低容量喷雾的关键技术。理想的喷洒系统可以提高雾滴的沉降密度与沉降率，减少雾滴飘移，提高农药的利用率，减少环境污染。

图4-7　喷雾系统

①药箱；②喷杆；③喷头；④液泵

（12）地面控制系统。地面控制系统是用于控制植保无人机工作的系统，一般包含手持遥控器与地面站，也有手持地面站与遥控器二合一的产品。现在具备OTG功能的手机也可以作为地面站使用，从而使得地面站变得简单。其功能在于控制植保无人机的起降、设定作业航线、设定飞行速度、设定作业喷洒的流量及失控保护等，并能实时显示飞机的飞行轨迹、流量与作业面积等，还可实时对植保无人机的飞行高度、飞行半径以及限飞区做出限定，使其满足国家相关要求，使得植保无人机的作业合法化。

（13）起落架。起落架（见图4-8）是用于保持飞机在地面稳定状态的结构，对于植保无人机，一般要求强度高，不易变形、抗坠毁性强、震动小、结构轻，往往与机体直接相连。

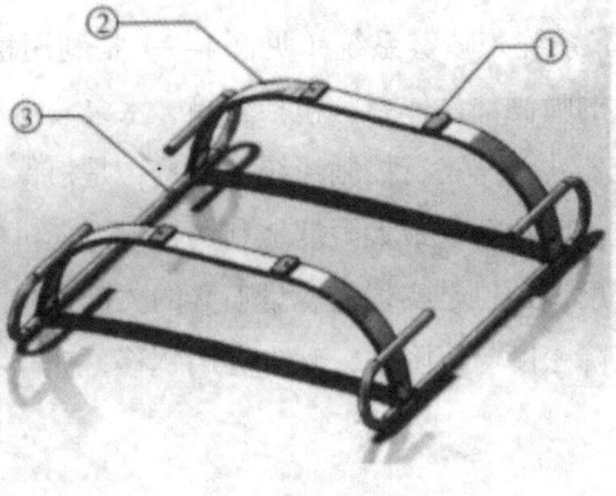

图4-8　起落架

①减震垫；②起落架碳板；③起落架铝管

4.2.2.2　油动单旋翼植保无人机的维护与保养

（1）斜盘舵机累计使用100~150 h必须进行保养，应每作业季或每飞行50 h或外出作业前，检查尾舵机连杆是否磨损，尾变矩滑块轴承是否有明显间隙。

（2）尾皮带每50 h及每次作业前检查，如有磨损（裂纹、少牙、断牙、橡皮齿面磨损）现象应立即更换。

（3）每次作业前或每50 h，检查旋翼主轴、横轴是否存在间隙；用手掰旋翼头，看主轴是否有间隙或是否上下窜动。出现间隙的原因是主波箱轴承座轴承损坏或主轴下方受力主螺母松动。检查横轴螺丝是否松动，如出现松动请打螺母胶进行复位。

（4）对于油滤、空滤，应不定时更换空滤过滤棉部分，如被水淋湿过，必须更换；油滤每50~100 h更换一次，空滤每50~100 h更换一次。如果空滤棉被水淋湿，需要及时更换。更换后的空滤应返回售后，经维修可以再次利用，降低使用成本。

（5）火花塞及点火器上的火花塞帽应勤检查，每50 h检查是否正常，如出现异常应进行更换，每100 h更换一次火花塞。

（6）发动机高低缸缸压均保持在正常压力。

（7）离合器甩块每工作50 h，使用砂纸打磨离合片表面并清理干净；检查离合器片，再装入离合罩杯。

（8）通过遥控器观察反馈电压并不定时检查发电机工作是否正常。

4.2.3　单旋翼植保无人机的流场特性

4.2.3.1　单旋翼植保无人机的气流场

单旋翼植保无人机启动和飞行时，桨翼始终向右方向旋转，产生下行的纯净风场，这与多旋翼不同。多旋翼是相邻的机臂上的桨翼正、反向旋转，产生相互抵消的扰流风场。同时，单旋翼翼展比较长，以3WD-TY-17L机型为例，冀展长达2.3 m，是普通多旋翼翼展的3~4倍。因此，同等载荷情况下，单旋翼作业效率与效果通常远高于多旋翼作业效率与效果。

4.2.3.2　旋翼的布置

一般直升机的旋翼轴线相对机身轴线的垂线向前倾斜一个角度，称为旋翼轴前倾角，用α_{rs}表示。向前倾斜的主要目的之一是使直升机在水平前飞时，机身不至于处在很大的负迎角状态。如图4–9所示，可以得到机身迎角α_{sh}的表达式为

$$\alpha_{sh}=\alpha_{rs}-\alpha_1-(-\alpha_{\pi 1})\approx\alpha_{rs}-\alpha_1-35.3\Delta\tilde{C}_xV^2$$

式中，$\alpha_{\pi 1}$为桨盘前倾角；α_1为旋翼锥体后倒角。

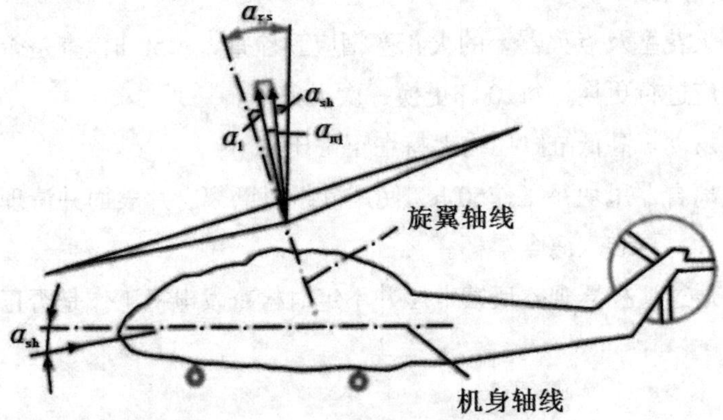

图4–9　直升机前飞时的机身迎角

α_1由纵向的力矩平衡关系确定，也就是说，和重心前后位置及除旋翼外其他部分产生的力矩有关，重心越靠后，其他部分的抬头力矩越大，则α_1越小，甚至于变成负值。可以看出，假如旋翼轴没有前倾，且$\alpha_1\approx 0$，则由图4–10可以看出，当机身处于较大的负迎角状态时，直升机的单位废阻往往会显著增加。旋翼轴适当前倾就可以解决这个问题。

在总体设计阶段，要保证在所要求的飞行速度下使机身迎角$\alpha_{sh}=0$，准确的确定所需要的旋翼前倾角是不可能的，也是不必要的。实际上，机身在一定的迎角范围内，单位废阻变化不大。因此，可以利用下面的公式确定前倾角，即

$$\alpha_{sh}\approx 35.3\Delta\tilde{C}_xV^2$$

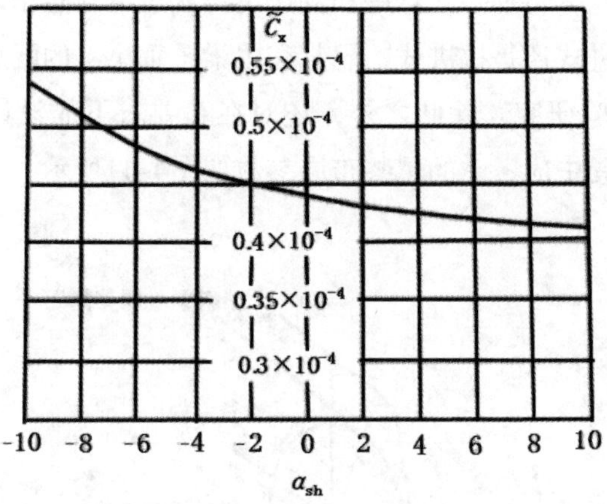

图4-10　单位废阻与机身迎角的关系

该式是基于假定$\alpha_1 \approx 0$得出的。由于直升机重心一般在旋翼轴之前，而其他部分力矩之和往往是抬头力矩，故$\alpha_1 \approx 0$近似于实际情况。上式中的飞行速度可取所要求的巡航速度（以m/s为单位），对于一般中等质量（7 000~10 000 kg）而又未采取特殊降低废阻措施的直升机，$\tilde{C}_x$约为0.45×10^{-4}；对于轻型直升机，$\tilde{C}_x$可达0.6×10^{-1}以上；而当直升机质量达到15 000 kg以上时，$\tilde{C}_x$可能在0.35×10^{-4}以下。

利用上式估算α_{rs}以后，还要根据总体布局的要求加以调整并最后确定。在确定α_{rs}时，还必须注意到，过大的前倾角会导致直升机在悬停、起飞、着陆过程中机身上仰过大，这也是不容许的。旋翼中心相对于机身轴线的高度往往由构造布置要求决定。在旋翼和机身顶部之间应有足够的高度来布置主减速器和控制系统，保证旋翼桨尖与尾梁之间的间隙，减小旋翼与机身之间的气动干扰，但是这样往往会导致结构质量的增加。

4.2.3.3　尾桨的布局以及参数

在实践中，人们发现了尾桨布局上的一些问题，如在某些机动状态和风向风速下，以及贴地程度不同时，尾桨推力不够，航向的操纵功率不足，或在上述条件下载荷计算不准确，未能保证强度要求。为此人们对尾桨的布局参数进行全面研究，特别是在悬停和低速飞行状态下，对于尾桨相当于旋翼的位置，采用推进式还是拉进式，尾桨和尾梁（垂尾）的间距，以及尾桨旋转方向等进行试验研究。除此之外，还对在新要求下的设计准则进行了探讨。全机气动布局中应考虑的尾桨布局参数如图4-11所示。

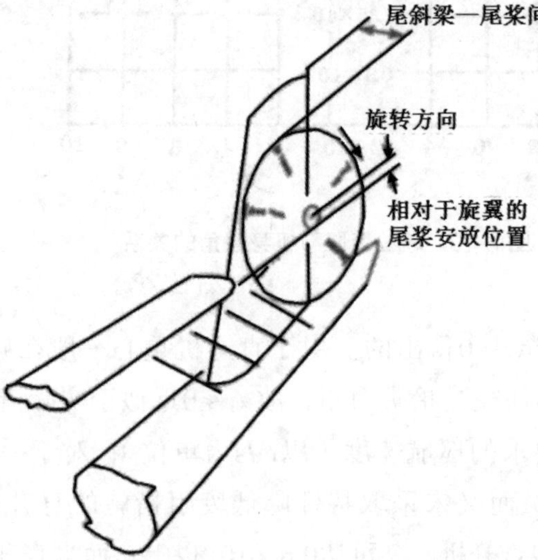

图4-11　尾桨气动布局主要参数

4.2.4　单旋翼植保无人机的应用

作为航空飞行器的一种，单旋翼植保无人机首先应该保障飞行器飞行的稳定性、安全性，这也是对植保飞行器最基本的技术要求。而农药喷洒效果则是评定农业植保设备性能优劣的重要标准。作业前要视察作业地，观测田间是否有障碍物，准备好作业地图，了解病虫害情况、使用的药剂是否满足低容量作业要求，是否会形成药害，确定飞行方案以及起降点。同时要对植保无人机进行检查，确定是否能满足作业要求，不允许无人机带病飞行。

作业过程中，应该使用经过认证并印有认证标志的个人防护用品；在配置农药、清洗盛装农药的容器时应穿戴个人防护用品。防护用品应舒适、穿戴方便，并能防止药液渗漏。

作业过程中，全程佩戴安全帽，戴防护口罩。当使用未经稀释的农药制剂作超低容量喷雾时，使用在农药标签上标明的特殊的个人防护用品。作业过程中，不得进食和吸烟。喝水时应使用密封的容器。进食时应远离配药点和加药点，脱去工作服，并在清洗手和脸等外漏皮肤后，方可进食。为保障无人机作业区域周围群众的安全，在作业区域15 m外拉起颜色醒目的安全线。

作业规划：接到作业任务后，按照作业地点、作业面积、作物类型等，进行路线规划、作业时间规划、人员和物品规划等。

路线规划：在保证安全和不违反相关法律、法规的情况下，遵循从出发地到目的地路线最短的原则进行路线规划。在规划过程中，需要通过多种途径了解所规划路线是否可以安全通过。路线包括出发地（公司或者其他作业地）到目的地的往返路线、驻地到作业区域的往返路线。

作业时间规划：根据作物种类、喷施药剂种类、客户的特殊要求、施药无人机的作业效率等对作业时间进行合理的规划。

人员和物品规划：根据作物种类、所需药剂等，对作业人员和作业物品等进行合理规划。

药剂、施药无人机等必需物品必须有相应备用部分，避免发生短缺，影响作业效率。

气象条件如下：

（1）无风或风速低于5 m/s，温度不高于35 ℃，避免中午高温天气。

（2）植保无人机喷杆高度应为作物上面1.5~3 m。

（3）施药作业时应考虑侧风的影响，来回两个方向的飞行速度和施药剂量应保持一致。

（4）当有上升气流运动，或有逆温现象时，不可进行喷雾作业。

（5）当相对湿度较低时，应该在药液中加入抗蒸发助剂以减少农药损失。

（6）在选择最佳的喷雾时间时，应考虑温度、相对湿度、风向、风速和降雨等气象条件的影响。

作业区图纸绘制：

（1）根据客户所提供的作业图纸（提前查看地形绘制作业图），安排好飞机作业区域以及标注飞机起降区。

（2）施药人员在考察作业区域和绘制作业图纸的过程中，应记录影响飞机低空飞行的树木、高架电线和水渠的位置以及邻近的作物、公路和铁路等。

（3）根据作业地块分布和大小确定喷洒作业方式。

（4）喷雾作业应遵守关于隔离带边界的强制宽度设定的有关法律规定。

防治效果：

漏喷率在5%以内，防治效果应达到当地植保部门对作物病虫草害防治的要求，抵达作业现场后，按照以下流程开始工作。

（1）每组卸载设备；

（2）地勤人员放置作业标志物，同时在作业区域外围拉起警戒线；

（3）飞手展开设备（装配大桨、喷杆、电池盒等）；

（4）飞手作航前检查；

（5）加油、加药并作起飞前最后确认；

（6）作业无关人员退到安全距离并通知进入可作业状态；

（7）在作业过程中随时与客户沟通，避免重喷和漏喷现象；

（8）作业开始，助手注意燃油和农药的补给工作，保证飞机降落之后3 min之内完成补给；

（9）作业结束，清洗飞机；

（10）准备好次日的燃油和农药。

每天作业结束后配比好第二天所用燃油和药剂（如药剂允许），同时规划好第二天的作业田块。每天作业结束后，飞手需要对飞机进行检查，以确保第二天顺利开展作业。若飞机出现故障，作业结束当天想方设法处理好问题，不影响第二天作业。

施药作业收尾工作如下：

废弃包装袋处理：

（1）按照相关规定，处理废弃包装袋，含药剂包装袋，饮用水塑料瓶等，不得随地扔在田间地头。

（2）使用后的农药包装容器，应在彻底清洗干净后，收集起来、安全存放，或集中进行无害化处理，不得随意丢弃。

剩余药液处理：

（1）应将剩余农药带回或按照国家相关规定处理；

（2）应把泄露的药液和清洗药箱等废液收集到收集箱，并设置一个专用的排污设备来处理剩余的药液和清洗后的发液。

此外，当前单旋翼植保无人机还可进行固态播撒、杂交授粉等。固态播撒是指抛洒固态药剂、肥料或种子，以实现固态农药撒施、施肥、播种等功能；杂交授粉主要指利用直升机下压风场进行花粉吹送扩散，辅助授粉。

4.3 多旋翼植保无人机

飞行控制技术是多旋翼无人机的核心技术部分，多旋翼无人机各项性能在很大程度上都取决于其自动飞行控制系统的设计。

4.3.1 多旋翼植保无人机的分类

当前使用较多的多旋翼植保无人机分类方法是按照动力来源、旋翼数量、气动布局、喷头布局等方式进行分类，也有按机身材质、可靠性设计理念等分类的。

4.3.1.1 按动力来源分类

多旋翼植保无人机按动力来源可分为油动发动机与电动机。目前市场上以电动机为主，但是也出现了一些油动多旋翼植保无人机产品。

电动多旋翼植保无人机的主要优点在于操作简单、性能可靠。此处以市场主流产品为例，如大疆MG-1S型多旋翼植保无人机，天翼合创TY5A型电动多旋翼植保无人机。一般处于工作年龄范围以内（18~45岁）且身体健康的零基础学员，可以在10天左右基本掌握该类产品的使用，并能够进行简单作业。多旋翼植保无人机购机成本、摔机成本和维护成本都低于直升机植保无人机，这是近几年多旋翼植保无人机迅速发展起来的重要原因。

载重量与续航时间是电动多旋翼植保无人机不足的方面，在锂电池性能没有突破的情况下，多旋翼植保无人机需要准备多块锂电池以循环使用，电池更换较频繁。油动多旋翼植保无人机是近两年才发展起来的设备，如“壮龙”油动多旋翼植保无人机“大壮”。

4.3.1.2 按照旋翼数量分类

多旋翼植保无人机按旋翼数量可分为三旋翼植保无人机、四旋翼植保无人机、六旋翼植保无人机、八旋翼植保无人机等。

（1）三旋翼植保无人机。鉴于三轴多旋翼平台控制难度较大、市面使用量较少，本书不作过多介绍。

（2）四旋翼植保无人机。四旋翼植保无人机结构简单、飞行效率高、风压大、风场相对单一、雾滴穿透力强、雾滴分布均匀，因此目前在市场上的多旋翼植保无人机很多产品大都选择四旋翼结构，如天翼合创的TY5A、极飞科技的P-20系列等。但是，四旋翼植保无人机因为旋翼数量较少，大尺寸螺旋桨惯性大，姿态控制较难，对飞控的要求较高。

（3）六旋翼植保无人机。六旋翼植保无人机是在四旋翼植保无人机基础之上增加旋翼数量而形成的设计，可在其中一臂失去动力时依然保持机身平衡与稳定，所以其稳定性高于四旋翼植保无人机。随着旋翼数量的增加，在同样的机身质量下，单个旋翼所形成的风场面积减小，风力也减小，这将加剧多旋翼植保无人机风场的复杂程度，如天翔六旋翼植保无人机翔农。

（4）八旋翼植保无人机。八旋翼植保无人机根据设备性能不同，最多可实现同时两臂动力缺失而依然能够稳定悬停（两臂不相邻的前提下），更加提升了多旋翼植保无人机的稳定性。动力冗余性的设计是在强调设备稳定性的前提下而产生的，将多旋翼植保无人机安全性又提升到一个新的台阶。当然，随着旋翼数量增加，在同样的机身质量下，单个旋翼所形成的风场面积继续减小，风力也再次减小，继续加剧了多旋翼植保无人机风场的复杂程度，也加剧了对雾滴均匀分布、雾滴穿透力的不利影响，这也是安全性设计所带来的负面效果。当前市场上还存在更多乃至24旋翼数量的植保无人机类型，由于数量非常少，本书不予介绍。

4.3.1.3　按照气动布局分类

多旋翼植保无人机按照气动布局分类，可分为X形结构和十字形结构。X形气动布局是在无人机前进方向的等分角度（左前、右前距机头方向均为45°，机尾相同）放置相反方向电机以抵消电机转动时产生的反扭力（见图4–12）。

图4–12　X形旋翼气动布局与电机转向示意

X形结构是目前多旋翼植保无人机最常见的布局，大疆创新的MG–1S系列（见图4–13）、极飞科技的P–20系列都属于X形结构。它是指两个臂同时朝前，从外形上看恰好是一个X的形状。

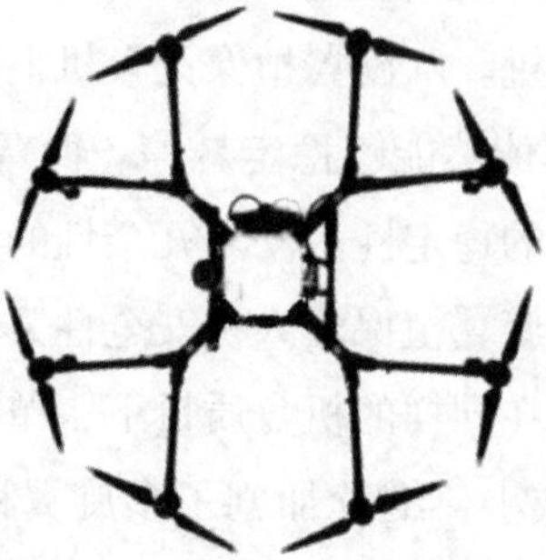

图4-13 X形多旋翼植保无人机大疆MG-1S

十字形多旋翼气动结构是最早出现的多旋翼无人机气动布局之一（见图4-14）。因其气动布局简单，只需要改变轴向上电机的转速，即可改变无人机姿态从而实现基础飞行，便于简化飞控算法的开发。但由于其构造的原因，无人机航拍时，前行会导致正前方螺旋桨进入画面造成不便，随着飞控系统的进化，在航拍领域X形布局较为普遍，在植保领域十字形、X形均有应用。

图4-14 十字形多旋翼气动布局与电机转向示意

十字形结构多旋翼植保无人机有其在喷头布置上的优势，可在其左右对称两个电机以及朝前的电机下面各布置一个喷头，甚至布置一整排喷头。这些喷头在平面空间形成完整的喷雾范围。十字形多旋翼植保无人机典型代表有天翼合创TY植保无人机系列、羽人科技的植保无人机系列和零度智控的守护者系列。

4.3.1.4 按照喷头布局方式分类

目前多旋翼植保无人机常见的喷头布局方式分为两类：一是和旋翼臂采取整体设计的喷洒系统，即喷头-旋翼臂一体化结构，二是“一字形”喷杆系统。采用整体设计的喷洒系统的典型机型有大疆MG-1S、极飞P-20等，采用一字形喷杆系统的典型机型有天翼合创TY5A-Plus等。

两种设计思路各有利弊，具体如下：

喷头-旋翼臂一体化设计是一种成熟的工业化设计思路，相应产品具有更好的结构统一性。例如，大疆将其植保无人机设计为可折叠式，这极大方便了存放和搬运，在我国中小板块农田作业的转场过程中，为工作人员提供了便利，节省了大量劳动力。但是，这种设计必然造成喷头必须配合旋翼臂的设计尺寸，因此喷头间距较大且无法方便调节喷头间距。因而为了保证不重喷或漏喷，必须对喷洒参数进行精确而苛刻的设置，一旦出现一点误差，则会出现重喷或漏喷的情况。

一字形喷杆结构借鉴了传统自走式喷杆喷雾机的喷洒系统。这种设计一般采用分体式安装方式，造成飞机结构的整体性有所降低，也不便于折叠，不利于搬运。但是，一字形喷洒杆上各喷头间距较小、分布均匀间距方便调节，适应不同情况需要，保证了喷洒均匀性，不容易出现重喷、漏喷。

总体来说，一字形喷杆式植保无人机喷洒效果优于喷头-旋翼臂一体式，而后者在频繁转场作业的便捷性上具有一定优势。

4.3.1.5 其他分类方式

（1）按机身材质分类。主流多旋翼植保无人机大多使用碳纤维材料，也有部分使用航空铝材。前者机身轻，便于搬运，在频繁转场的作业过程中具有优势；后者机身重，但强度大，部分厂家通过合理设计，甚至使植保无人机具备了“耐摔”的特质，很好地解决了在使用无人机进行大规模、高强度、连续性作业中事故频发，经济成本、时间成本过高的问题。通过多年摸索，业内逐渐认识到，植保无人机的质量和喷洒效果具有很强的相关性。因为无人机空中质量和下压风场强度成正比，而下压风场的强弱对喷洒效果，尤其是雾滴的穿透性影响很大。“植保无人机不能太轻”这个理念正在被越来越多的业内人士和用户所接受。使用碳纤维材质的植保无人机典型代表包括大疆MG-1S、极飞P-20等，使用航空铝材的植保无人机典型代表包括天翼合创TY5A-Plus、风云科技的蜘蛛等。

（2）按可靠性设计理念分类。大量实践证明，在大规模、高强度。连续性作业过程中，无人机由于各种主观、客观的因素造成撞机或坠机事故（俗称炸机），是大概率事件。为了不耽误农时，同时尽量降低炸机后的经济损失，越来越多的业内人士和用户开始关注植保无人机的可靠性。因此，该分类方式是近两年才逐渐形成的。

在这方面，国内最具代表性的企业是天翼合创和风云科技.前者是世界范围内第一个耐摔多旋翼无人机发明专利的拥有者，后者则基于耐摔特性开创了具有代表性的商业模式。

4.3.2 多旋翼植保无人机的结构与组成

多旋翼植保无人机一般由几部分组成，即机体结构、航电控制系统、动力系统，遥控系统，天地数据链路系统和药剂喷施系统。下面以天翼合创四旋翼植保无人机TY5A-Plus为例，详细说明多旋翼植保无人机的结构与组成。

（1）机体结构。机体结构一般分为机身、悬臂（机身和悬臂可合二为一）、起落架和桨保护设施等。

（2）航电控制系统，航电控制系统由主控模块、电源模块、GPS天线（含磁罗盘）、对地雷达和飞行指示灯组成。航电控制系统负责对飞机的姿态、位置、航线进行控制。

（3）动力系统。动力系统由电池、电子调速器、电机和螺旋桨组成。动力系统原理如图4-15所示，动力系统连线方式如图4-16所示。

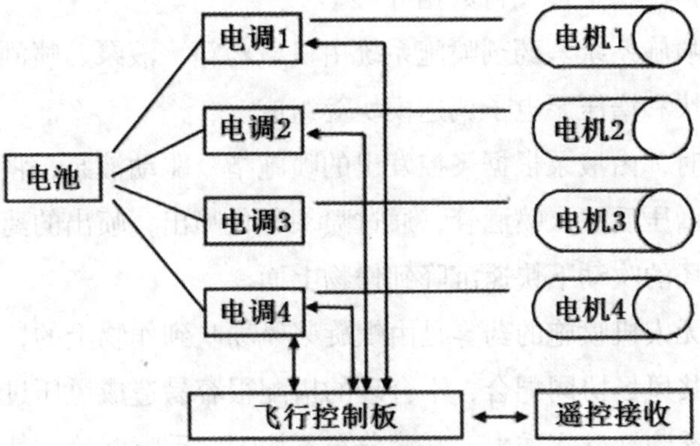

图4–15　动力系统原理图

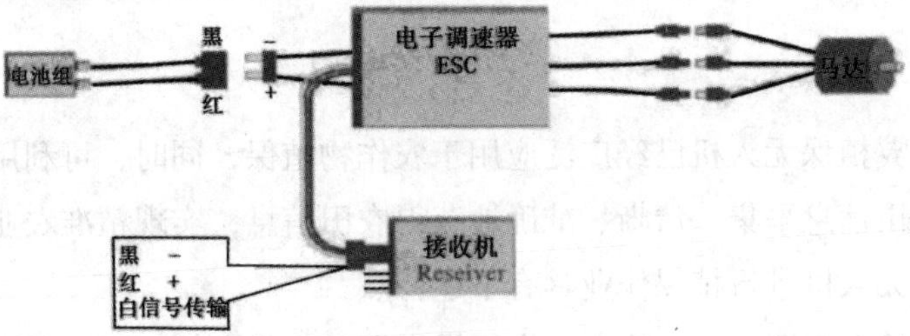

图4–16　动力系统连线图

根据姿态算法，飞行控制器给电子调速器提供快慢控制信号；电子调速器改变电机和螺旋桨的转速（电机旋转动力来源于动力电池），调整各个旋翼的升力，从而实现控制飞机姿态、飞行、转向等控制功能。

（4）遥控系统。遥控系统分为地面遥控器和机载接收机。遥控器可控制飞机的前后、左右、上下飞行，也可对飞机的飞行模式进行切换（姿态模式、高度模式、GNSS模式、位置模式、自动航线模式）、启动/关闭水泵、强制飞机返航、设置飞行断点以及AB点打点等。

（5）天地数据链路系统。天地数据链路系统由电台机载端、地面中继站和地面站等组成，负责地面站与机载飞控之间的数据通信，如上传下载航线、发送控制指令、下传飞行数据等。

（6）药剂喷施系统。药剂喷施系统由机载药箱、液泵、喷洒管（喷头）、增压泵电源模块和增压泵电子调速模块等组成。

药剂喷施时，由液泵根据飞控发出的喷施指令驱动液泵，将药剂从机载药箱中抽出并增压后注入喷洒管，通过喷头雾化喷出，喷出的药雾在植保无人机螺旋桨风场的吹动下快速沉降到作物上面。

由于植保无人机喷施的药雾是由螺旋桨风场吹到作物上的，所以施药系统必须与螺旋桨风场协同配合，不合理的搭配很容易造成风压过小，风场紊乱，从而导致雾滴缺乏穿透力、雾滴分布不均匀、重喷漏喷，甚至飘逝，病虫害靶标处雾滴沉积率不达标，严重影响防治效果。

4.3.3 多旋翼植保无人机的性能特点

多旋翼植保无人机已经广泛应用于农作物植保，同时，可利用无人机进行低空农田信息采集，清晰、准确地获得农田信息，实现精准农业。利用多旋翼植保无人机进行植保作业具有下述特点。

（1）培训周期短。多旋翼无人机操纵简单起降方便，不需要专门的起降场地是其能够迅速扩大应用领域的内在原因。目前兴起的智能多旋翼植保无人机甚至已经具备自动作业的能力，这使得多旋翼植保无人机操作员培训具有培训周期短、培训成本低、对人员素质要求不高的特点。

（2）高效作业。多旋翼植保无人机作业速度是人工作业速度的50倍以上，并且由于引入了航线规划系统，可以避免重喷、溜喷带来的作业效果下降。目前在农村土地流转逐渐加速的前提下，耕地将越来越集中，传统打药方式将成为高效农业的阻碍。如果几千亩面积的耕地同时发生虫害，使用人力喷洒根本无法快速全部覆盖，使用农业植保无人机则可以快速解决大面积农作物病虫草害。

（3）良好的作业效果。多旋翼植保无人机在作业时具有强烈的下行气流，可将药雾快速送达作物，下行气流可使作物发生摆动，促进药雾更好地到达作物叶子的背面及根茎部。另外，现在越来越多的多旋翼植保无人机可以进行作业航线规划，有效避免了重喷与漏喷。

（4）操作安全。中国每年因为人工喷药而导致农药中毒的人数为10万人左右，其中有一定比例的死亡率。传统的人力农药喷洒人员处于药雾环境当中，一旦保护不当或者喷雾器出现“跑冒漏滴”的情况，作业人员极易出现农药中毒。而使用多旋翼植保无人机进行作业，人员远离了作业区域，保证了人员安全。

（5）环保。无人机植保作业属于高浓度低容量作业，这样的作业方式使其具有节水、省药的特点，有效减少了农药残留及土壤农药污染问题，并且，规模化的喷洒方式有利于政府对农作物质量的控制。

（6）维修费用低、时间短。多旋翼结构简单，万一发生事故，相对单旋翼而言，损失较小，维修难度较小，维修时间较少，甚至可以做到在现场几分钟内维修好不耽误农时。

4.3.4　多旋翼植保无人机的流场特性简述

旋翼在高速旋转后，旋翼下方一定范围内会形成一种有一定流速，压力和方向性的气流场，俗称风场。不同的飞行平台风场差异很大；风场内外的空气流速、风压等差异也很大。多旋翼的风场极为复杂，目前尚无有效的理论计算和仿真方法，实践中大都采用实际测量的方法研究雾滴分布的均匀性和穿透力。

相对单旋翼而言，多旋翼的风场更为复杂，由于多旋翼的相邻桨需要反向旋转，不同螺旋桨产生的风场相互干扰，导致多旋翼的风场相对单旋翼的风场紊乱。同时，随着旋翼数量的增多，风场会越来越紊乱，风压会越来越小，雾滴分布均匀性、雾滴穿透力、雾滴的沉降率等都会逐渐变差。通过合理设置多旋翼的旋翼数量、各种飞行参数，可以将多旋翼风场对雾滴分布的影响降低到最小，同样可以达到病虫害防治的目的。目前市面常见的多旋翼机型在实际防治过程中，也都取得了非常优秀的成绩。同时，由于多旋翼具有方便简单、易学易用、维修费用低等特有的优势，在近几年的实际工作中，多旋翼植保无人机是用户使用最多的机型。

4.3.5 多旋翼植保无人机的应用范围

（1）粮食类作物。多旋翼植保无人机可用于小麦、水稻、土豆等大田作物，亦可用于高粱、玉米等高杆作物。

（2）经济作物。多旋翼植保无人机在大豆、棉花、番薯、油菜花等经济作物上也有良好的作业效果。

（3）部分果树。多旋翼植保无人机因拥有多个旋翼，所以其下压风场效果较弱。在果树作业时应降低速度与高度，以提高穿透性。在作业对象的选择上，尽量选择冠层相对较薄的果树，如蜜桃等。

4.4 植保无人机应用

无人机作为一种性能优越的空中平台，最早应用于军事领域。但随着技术发展及社会变革，特别是近些年来，世界各国在中低空空域的政策开放，无人机开始在民用领域迅速发展。为了满足现代农业植保的需求，无论是无人机的制造商还是相关的植保器械厂商，都在积极进行创新改革，使得无人机在农业植保方面的发展尤为迅速。

4.4.1 无人直升机在水生杂草监测和管理方面的应用

顾名思义，水生杂草通常在水生栖息地蔓延。但是，它们也可以在陆上栖息地存活很长的时间并在适宜的条件下茁壮成长。通过繁殖出一层厚厚的植被覆盖在水面上，这些杂草降低了水中氧气浓度，最后已经达到了危害水底生长的本地植物和鱼群的程度。空心莲子草极具侵略性，很可能在大范围内快速蔓延，而且它既可以入侵水生栖息地，也可以入侵陆地栖息地。宿生槐叶萍可以破坏环境并严重影响水边生态系统、水质、野生动植物和周围的第一产业。在适宜的条件下，宿生槐叶萍展现出惊人的生长速度，它只需要两天多的时间其重量（干重）可翻一番。与固定翼无人机平台相比，直升机在不规则形状的水生栖息地上提供了更好的机动性。在对新南威尔士皮特镇的基拉尼连池的水生杂草侵扰监测中使用了改装的G18无人直升机平台。这个平台后来装备了喷洒机构，用来喷洒水溶性的无毒染剂来显示在选定地区喷洒除草剂的能力。

针对航空图像获取任务，可以将直升机配置为携带一部高分辨率下视单目摄像机和一台高精度导航传感器。记录下导航数据之后可以用来对捕捉到的图像作为地理参照。在这种结构中还可以在直升机两侧加上喷杆。吊杆的设计可以减小旋翼下洗气流导致的振动。安装的球形铰链和吊杆铰链使喷杆在飞机起飞降落期间与地面接触时可以活动。喷射液体箱、喷射泵、控制系统和电源放置在直升机重心的下面，因此根据喷洒作业的需求改变重量不会影响飞行稳定性。

对于颗粒播撒任务，光学载荷箱可以用一个受控液滴涂药器（CDA）替代。受控液滴涂药器由一个塑料颗粒瓶、机电驱动的定制剂量控制阀和播撒出口组成。在木本杂草管理任务中，直升机负责在目标杂草丛上方盘旋，机载计算机可以激活受控液滴涂药器，然后播撒预定剂量的颗粒除草剂。

对于水生杂草监测和分类任务，支持向量机（SVM）技术已经应用于地理参照和拼接航空图像。支持向量机也应用于大量不同的生态研究中。支持向量机的目标是在多维特征空间中映射输入向量并定位不同类别之间的最优超平面边界。把分类结果以颜色编码形式的概率分布地图呈现给杂草专家，杂草管理计划就是根据这些侵扰地图制定的。地面实况与分类结果输出的比较证明了支持向量机可以用作水生杂草监测的有效方法。

4.4.2 在木本杂草监测和管理方面的应用

覆盖在大面积开放牧场区域的木本杂草侵扰难以控制，它们的管理耗财费时。例如，威廉姆斯小镇饱受牧豆树（*Mesquiteprosopis*）、帕金森菊石（*Parkinsoniaaculeata*）和带刺金合欢树（*Acacia nilotica*）的侵扰。因此，创建了木本杂草侵扰的三维地图。地形的三维地图是基于最优姿态数据通过把连续图像帧之间的一组密集特征点连成三角形建立的。姿态概算是通过对每一个捕捉到的图像帧用扩展卡尔曼滤波器（EKF）处理惯性测量单元和GPS数据得到的。图像帧经过处理提取出等比特征变换（SIFT）特征，提取出的等比特征变换特征与连续图像帧相对应，识别出来的物种在侵扰地图中做出标记，固定翼无人机和无人直升机平台都用于这个监测和管理任务，固定翼无人机执行大范围的田地监测，无人直升机精确锁定杂草位置。

固定翼无人机平台配备了传感器载荷箱，包括一个惯性测量单元、一个GPS接收器和一个下视彩色摄像机。将惯性测量单元和GPS数据进行组合，可以概算任意给定时刻的无人机位置和航向。这些信息之后用于对发现的木本杂草进行地理参照。然后，我们用同样结构的固定翼无人机平台对无法进入的半干旱牧场里的仙人掌侵扰情况进行测绘。

一旦固定翼无人机完成任务，获取的图像和记录的惯性测量单元与GPS数据就会被下载到测试地点。等比特征变换的特征从重叠帧里提取出来，扩展卡尔曼滤波器概算每个图像帧捕捉时的无人机姿态。姿态数据用来计算提取出来的图像特征的三维坐标。然后，利用所有惯性测量单元、GPS和提取出的光学特征原始数据，使用非线性最小二乘光束平差法优化轨迹和概算三维特征点。最后，三维特征点和对应的光学帧用于建立地形表面模型，收集到的图像用来添加表面纹理。

为了发现木本杂草树冠，可以使用颜色、纹理和阴影特征。这是一个三阶段过程，包括图像分割、目标监测和分类。图像分割阶段根据颜色和纹理信息把图像分为3种不同的类型。提取出来的颜色和纹理特征被合成一个单独的特征向量，包括3个颜色通道和30个纹理通道。然后使用支持向量机作为分类器，把特征向量标记为目标、阴影或背景来识别它的类型。把发现的目标进一步分为牧豆树、帕金森菊石、带刺金合欢和本地树木。

第5章　无人机测绘技术及应用

目前，在测绘大范围区域时，生成一张覆盖该区域的影像图的方法主要有两类：一类是主要考虑精度而较少顾及实时性的基于数字摄影测量的正射影像图生成技术；另一类是主要考虑实时性而较少顾及地理精确性的基于图像拼接技术的图像处理方法。

5.1　测绘基础与无人机测绘系统

无人机测绘是无人机遥感的重要组成部分，一般是指通过无人机搭载数码相机获取目标区域的影像数据，同时在目标区域通过传统方式或GPS测量方式测量少量控制点，然后应用数字摄影测量系统对获得的数据进行全面处理，从而获得目标区域三维地理信息模型的一种技术。

5.1.1 测绘学基础

测绘学是以地球为研究对象，对其进行测定和描绘的科学。我们可以将测绘理解为利用测量仪器测定地球表面自然形态的地理要素和地表人工设施的形状、大小、空间位置及其属性等，然后根据观测到的这些数据通过地图制图的方法将地面的自然形态和人工设施等绘制成地图，通过图的形式建立并反映地球；表面实地和地形图的相互对应关系这一系列的工作。在测绘范围较小区域，可不考虑地球曲率的影响而将地面当成平面；当测量范围是大区域，如一个地区、一个国家，甚至全球，由于地球表面不是平面，测绘工作和测绘学所要研究的问题就不像上面那样简单，而是变得复杂得多。

大地测量学的基本内容包括：①根据地球表面和外部空间的观测数据，确定地球形状和重力场，建立统一的大地测量坐标系；②测定并描述地壳运动、地极移动和潮汐变化等地球动力学现象；③建立国家大地水平控制网、精密水准网和海洋大地控制网，满足国家经济、国防建设的需要；④研究大规模、高精度和多类别的地面网、空间网和联合网的观测技术和数据处理理论与方法；⑤研究解决地球表面的投影变形及其他相应大地测量中的计算问题。

5.1.2 无人机测绘概念

无人机是利用无线电遥控或自备程序控制装置操纵的不载人飞机。随着地理信息科学与相关产业的发展，各国对遥感数据的需求急剧增长，低成本的UAV作为航空摄影和对地观测的遥感平台得到快速发展。

无人机遥感（UAV remote sensing，UAVRS）是利用先进的无人驾驶飞行器技术、遥感传感器技术、遥测遥控技术、通信技术、GPS定位技术和POS定位定姿技术实现获取目标区域综合信息的一种新兴解决方案。无人机遥感具有自动化、智能化、专业化快速获取空间信息的特点，可实现对目标进行实时获取、建模、分析等处理。UAVRS技术有其他遥感技术不可替代的优点，它能克服传统航空遥感受制于长航时，大机动、恶劣气象条件、危险环境等的影响，又能弥补卫星因天气和时间无法获取感兴趣区信息的空缺，可提供多角度、大范围、宽视野的高分辨率影像信息。

无人机测绘是无人机遇感的一种特殊应用，主要通过无人机对目标区域进行航空摄影，然后利用地面处理系统对数据进行处理，最终制作出目标区域的正射影像图、数字地形图以及三维地物模型。无人机测绘在基础地理信息测绘、地理国情监测、地理信息应急监测方面起到了无可替代的作用。因此，近年来国家测绘地理信息局多次举办无人机航摄系统推广会，在全国范围内大力推广应用国产低空无人飞行器航测遥感系统，同时率先在各省级测绘单位配备使用。在现代测绘中，无人机测绘颠覆了传统测绘的作业方式，通过无人机摄影获取高清晰立体影像数据，自动生成三维地理信息模型，快速实现地理信息的获取，具有效率高、成本低、数据精确、操作灵活等特点，可满足测绘行业的不同需求，正逐渐成为测绘部门的新宠儿，今后或将成为航空遥感数据获取的“标配”。

5.1.3 无人机测绘系统的组成

一台完整的数字摄影测量系统通常包括专业硬件设备和摄影测量软件系统，专业硬件设备主要是立体影像显示设备和三维坐标输入（或称拾取）设备，立体影像显示设备主要是计算机显卡、显示器和对应的立体眼镜，三维坐标输入设备一般是手轮脚盘或者三维鼠标。

5.1.3.1 专业硬件设备

（1）立体显示与观测设备。立体显示是摄影测量与虚拟仿真的一个实现基础，在测绘领域具有十分重要的地位。根据人眼视差的特点，让左右眼分别看到不同的图像是立体显示的基本原理。实现方法主要是补色法、光分法和时分法等，对应的设备包括双色眼镜、主动立体显示，被动同步的立体投影设备。闪闭式立体又称为时分立体或画面交换立体，这个模式以一定速度轮换地传送左右眼图像，显示端上轮流显示左右两眼的图像，观看者需戴一副液晶眼镜，当左眼图像出现时，左眼的液晶体透光，右眼的液晶体不透光；相反，当右眼图像出现时，只有右眼的液晶体透光，左右两眼只能看见各自所需的图像。这种模式需要立体显示卡的配合使用。立体显卡是具有双头输出的显卡。立体显示卡的驱动程序将同时渲染左右眼的图像，并通过特殊的硬件输出和同步（如采用偏振分光眼镜进行同步投影）左右两张图像。闪闭式立体需要显示卡的驱动程序交替地渲染左右眼的图像。

（2）手轮脚盘设备。手轮脚盘设备是数字摄影测量系统用于立体测图的主要工具，是在三维测图坐标系实现调整和操作的计算机仿真输入系统。

（3）三维鼠标。是除手轮脚盘外另一重要的交互设备，用于6个自由度VR场景的模拟交互，可从不同的角度和方位对三维物体进行观察、浏览、操纵，可与立体眼镜结合使用。

（4）其他硬件设备。数字摄影测量工作站的其他硬件设备，如作为输入设备的影像数字化仪（扫描仪）主要用于将胶片或纸质影像数字化；作为输出设备的矢量绘图仪、栅格绘图仪以及批量出版用的印刷设备等，主要用于数字产品的输出。

5.1.3.2　传统摄影测量软件

数字摄影测量软件由数字影像处理模块、模式识别模块、解析摄影测量模块及辅助功能模块组成。数字影像处理模块主要包括影像旋转、影像滤波、影像增强、特征提取等；模式识别模块主要包括特征识别与定位（包括框标的识别与定位）、影像匹配（同名点、线与面的识别）、目标识别等；解析摄影测量模块主要包括定向参数计算、空中三角测量解算、核线关系解算、坐标计算与变换、数值内插、数字微分纠正、投影变换等；辅助功能模块主要包括数据输入输出、数据格式转换、注记、质量报告、图廓整饰、人机交互等；DPGrid（数字摄影测量网格）是由中国工程院院士张祖勋提出并指导研制的具有完全自主知识产权、国际首创的新一代航空航天数字摄影测量处理平台。DP-Grid的低空系统专门针对低空无人机航片的实际情况，能够处理飞行姿态与影像质量较差的无人机航片，实现了自动空三、自动DEM与正射影像自动生成，大大提高了自动化程度。

5.2 无人机测绘任务设备

无人机测绘任务设备是无人机完成其测绘任务所必需的各种设备的集合，主要包括机载测绘任务载荷和地面控制与处理站两部分。机载测绘任务载荷和地面控制与处理站之间通过数据链路连接。

5.2.1 倾斜摄影相机系统

5.2.1.1 倾斜摄影相机类型

无人机倾斜摄影相机根据不同分类标准可分为不同类型。

（1）按配置相机数量分类，无人机倾斜摄影相机可分为五镜头倾斜相机、三镜头倾斜相机和两镜头倾斜相机，其中两镜头倾斜相机又可细分为固定角度两镜头倾斜相机和可倾角度两镜头倾斜相机。五镜头倾斜相机适合不同飞行平台，一次飞行完成倾斜摄影作业，生产效率较高；三镜头倾斜相机和固定角度两镜头倾斜相机主要适用于固定翼飞行平台，至少两次飞行完成倾斜摄影作业，生产效率较低；可倾角度两镜头倾斜相机适用于飞行速度不大于5 m/s的旋翼飞行平台，可以一次飞行完成倾斜摄影作业，生产效率最低。

（2）按照配置相机类型分类，可分为中画幅倾斜相机、全面幅倾斜相机.APS画幅倾斜相机和小画幅倾斜相机。通常倾斜相机CCD（CMOS）有效像索。倾斜影像质量和倾斜摄影生产效率与相机倾斜画幅成正比，但系统重量，相机成本和对数据记录速度要求更高与相机倾斜画幅成反比。

（3）按搭载飞行平台类型分类，可分为固定翼平台倾斜相机，旋翼平台倾斜相机和通用平台倾斜相机。固定翼平台倾斜相机指安装在固定翼飞行平台上的倾斜相机，一般要求倾斜相机镜头焦距较长，曝光间隔较短以及数据记录速度快；旋翼平台倾斜相机指安装在旋翼飞行平台上的倾斜相机，相比固定翼平台倾斜相机镜头焦距较短，曝光间隔可稍长以及数据记录速度可稍慢；通用平台倾斜相机可分别搭载在固定翼飞行平台和旋翼飞行平台，通常相机镜头焦距适中、曝光间隔较短以及数据记录速度快。

5.2.1.2　常见倾斜摄影相机

（1）大型倾斜摄影相机系统。大型倾斜摄影相机系统通常由5个8 000万像素以上的中西幅数码相机组成，内置高性能POS（IMU/DGPS）系统，正直相机镜头焦距通常为50 mm，倾斜相机镜头焦距通常为80 mm，作业使用航空摄影专用稳定云台，系统重量一般不小于20 kg，飞行平台一般采用有人驾驶的固定翼飞机、直升机或动力三角翼等，价格较高，适合大范围的倾斜摄影三维实景建模项目，典型设备包括徕卡公司的RCD30倾斜相机、北京四维远见信息技术有限公司的SWDC-5数字航空倾斜摄影仪、中测新图（北京）遥感技术有限责任公司的TOPDC-5倾斜数字航摄系统、上海航遥信息技术有限公司的AMC850倾斜摄影系统和大型倾斜相机AMC5100等。

（2）轻型倾斜摄影相机系统。轻型倾斜摄影相机系统通常由全画幅单反数码相机或APS画幅微单数码相机组成，通常不内置POS（IMU/DGPS）系统，集成相机数量从2个、3个、5个到10个不等，相机镜头焦距通常较短，系统重量一般在1.5~10 kg（通常轻度集成改装重量较重，深度集成改装重量较轻，全画幅系列倾斜摄影相机系统重量可控制在2~3 kg），飞行平台主要采用无人驾驶的固定翼无人机、无人直升机或多旋翼无人机等，价格适中（通常10万~70万元），适合中等范围的倾斜摄影三维实景建模项目，若采用无人机集群作业可媲美大型倾斜摄影相机系统。典型设备包括苏州创飞智能科技有限公司的倾斜摄影相机（Chuang-C2，Chuang-C3和Chuang-C3S）、哈瓦国际航空技术（深圳）有限公司的HARWAR-YT-5POPC Ⅳ倾斜摄影相机、北京红鹏未来无人机科技有限公司的轻型倾斜相机（RF5100，TF5100）和微型倾斜相机（AP1800，AP2300，AP5600）、江苏鸿鹄无人机应用科技有限公司的"天目"倾斜相机和"慧眼"倾斜相机、上海航遥信息技术有限公司的ARC336倾斜航空摄影系统和AMC1036多视角航空照相机系统、武汉大势智慧科技有限公司的双鱼倾斜相机、天津腾云智航科技有限公司（中海达旗下）的iCam-Q5倾斜摄影相机等。

（3）微型倾斜摄影相机系统。微型倾斜摄影相机系统通常由普通定焦数码相机、运动相机或手机类数码相机组成，集成相机数量通常为5个，相机镜头焦距短，系统重量一般小于1 kg，通常深度集成改装，飞行平台主要采用各种消费级多旋翼无人机等，价格低，适合开展倾斜摄影三维实景建模研究、小范围倾斜摄影项目。典型设备包括北京观著信息技术有限公司的航摄超微传感器（蜻蜓5S倾斜摄影相机和蜂鸟5S倾斜摄影相机和Chuang-C3S）、北京帝图科技有限公司的KG系列倾斜摄影相机（KG650，KG800和KG1000）、北京正能空间信息技术有限公司的ZN190五镜头倾斜摄影相机等。ZN190五镜头倾斜摄影相机是一款新型的倾斜相机，飞行平台可采用大疆精灵3、精灵4消费级多旋翼无人机。ZN190相机具有体积小、重量轻、操作便捷和价格便宜的特点，对相机各部件重新标定改造后可以做相机畸变改正，出具真实畸变改正参数，完全满足普通倾斜摄影应用要求。ZN190相机总像素1.9亿（单相机像素3 800万），像元尺寸1.4 μm，相机使用时间40 min。

5.2.2 数字相机

数字相机是测绘型无人机最重要的任务设备，可分为量测型相机和非量测型相机。量测型相机是专门为航空摄影测量制造的，具有几何量测精度高的特点，装有低畸变高质量的物镜和内置滤光镜，镜头中心与成像面具有固定而精确的距离。航空摄影时，由于无人机的飞行速度很快，地物在成像面上的投影将在航线方向上产生位移，导致影像模糊。为了消除像移的影响，在量测型相机上往往加装像点位移补偿装置和陀螺稳定平台。量测型相机一般较重，多搭载在大型无人机平台上。

由于载荷重量的限制，中、小型无人机还难以承载量测型相机，而大量采用非量测型相机作为有效载荷。非量测型相机不是专门为航空摄影测量设计的相机，因而不配置像移补偿装置，但一般应配置陀螺稳定云台以保证近似垂直摄影。为了保证影像的清晰度，除了缩短曝光时间外，还必须限制无人机的巡航速度。

5.2.3　组合特宽角数字相机

非量测型单数字相机存在像场角窄的问题，导致航空摄影测量时高程精度偏低、数据量偏大，因此可以考虑在无人机上使用组合特宽角数字相机。由于无人机任务载荷的限制，组合相机的数量不宜过多，其中典型代表是中国测绘科学研究院研制的四相机（LACO4）和双相机（LACO2）系统。

下面以双相机系统为例说明。特宽角相机通过对多个单相机进行外场拼接的方式达到增大像场角的目的。最理想化的双相机拼接模型为两相机的投影中心完全重合，如图5-1所示，S为投影中心，SO_1和SO_2为两相机的主光轴。

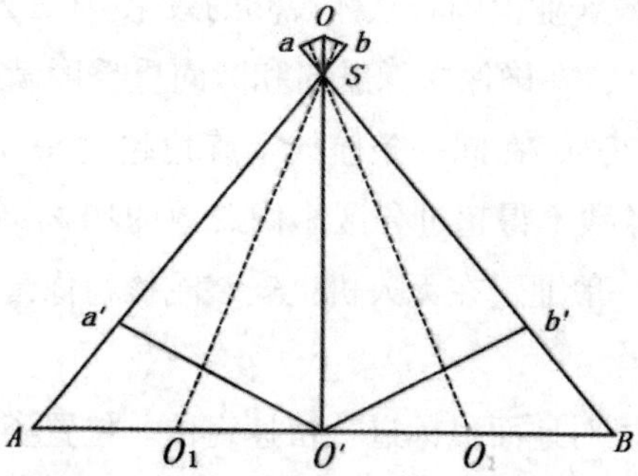

图5-1　理想双相机拼接模型

图5-1的拼接方式，采用内视场拼接才有可能实现，但内视场拼接的难度在于多块CCD的接连处理及分光镜的安装。目前国内外航空相机主要的拼接方式是外视场拼接，如数字成图相机（digital mapping camera，DMC）。

5.2.4 位置姿态测量装置

位置姿态测量装置用来记录成像时相机的姿态参数。

（1）用于满足影像地面采样距离、重叠度和基高比等要求。无人机测绘对地摄影时，要事先规划好无人机飞行航线和相机曝光位置，并通过设置曝光时间实现航摄区域覆盖。为了便于后续的摄影质量检查和立体测绘处理，需要记录飞行航线和相机曝光位置。另外，安装有自动曝光控制单元的航空摄影机也需要位置姿态测量装置。

（2）获得影像倾角小的近似水平影像。无人机测绘对地摄影时，摄影物镜的主光轴偏离铅垂线的夹角，称为航摄影像倾角。传统航空摄影的无人机姿态稳定性较差，CH/Z 3005-2010要求影像倾角一般不大于5°，最大不超过12°，出现超过8°的影像不多于总数的10%；特别困难地区一般不大于8°，最大不超过15°，出现超过15°的影像数不多于总数的10%。

此外，在航空摄影过程中，为了抵抗交叉风向的作用，无人机的实际朝向会与飞行的地面航迹之间产生一个角度，称为影像旋角。影像旋角过大会减小立体像对的有效作业范围和立体观测的效果。CH/Z 3005-2010要求影像旋角一般不大于15°，在确保影像航向和旁向重叠度满足要求的前提下，个别最大旋角不超过30°，在同一条航线上旋角超过20°的影像不应超过3幅，旋角超过15°的影像数不得超过分区影像总数的10%。影像倾角和旋角不应同时达到最大值。一般通过在无人机上安装陀螺稳像云台获取满足倾角和旋角要求的影像。

（3）利用无人机对地面目标进行快速定位。位置姿态测量装置可以动态快速地给出反映载体运动的运动参数，据此可以连续测量成像时传感器的位置和姿态，而不必通过控制点解算影像的外方位元素。这为无人机目标快速定位提供了一种全新的技术途径，可以极大地提高目标快速定位的效率。

GPS和INS的系统集成从20世纪80年代初的简单组合开始，到20世纪80年代末就已经进入软硬件组合的水平。目前GPS/INS组合系统的精度主要取决于GPS数据的定位精度。近年来，随着俄罗斯格洛纳斯的复苏，欧洲伽利略投入运营以及中国北斗的快速发展，GNSS的阵营不断壮大。通过结合GPS、格洛纳斯、伽利略、北斗等多套导航系统的卫星信号，GNSS接收机可接收的卫星数成倍增加，能提供更多的多余观测用于定位计算，卫星的空间配置也更合理，因此能达到比任何单一系统更高的精度和可靠性。

5.2.5 红外热像仪

红外热像仪是一种探测物体红外辐射能量的成像仪器，它通过红外探测、光电转换、光电信号处理等过程，将目标物体的红外辐射信息转换为视频图像输出。在军事上，红外热像仪可应用于军事夜视侦察、武器瞄准、夜视导引、红外搜索和跟踪等多个领域；在民用方面，红外热像仪可以用于卫星遥感、防灾减灾、材料缺陷的检测与评价、建筑节能评价、设备状态热诊断、生产过程监控、自动测试等。

5.2.6 成像雷达

由于载荷重量的限制，中、小型无人机目前还难以承载雷达设备，只有少数大型无人机搭载了雷达设备。

5.2.6.1 合成孔径雷达

合成孔径雷达（synthetic aperture radar，SAR）是一种工作在微波波段的主动式传感器，即主动发射电磁波，照射到地面后经过地面反射，由传感器接收其回波信息。与传统光学摄影机和光电传感器相比，SAR有以下优点：具有全天候、全天时的工作能力，基本不受云、雾、雨、雪等气候因素的影响，雷达波对地物（如植被、干沙等）具有一定的穿透能力；SAR成像的方位向分辨率不受波长、平台高度、雷达作用距离等因素的影响，理论上可以获取很高的空间分辨率；雷达测绘带覆盖面广，可以在远离航迹的地方成像。

雷达系统主要由发射机、接收机、转换开关、天线等部分组成，发射机发射脉冲后经转换开关、天线传输到自由空间，然后继续向地面目标传输，到达地面目标后再返回雷达天线，雷达系统通过记录时间延迟，进而测量天线与地面目标的距离。

方位向分辨率与距离、波长、平台飞行高度无关，这对机载雷达成像具有重要的意义，理论上方位向分辨率是雷达天线真实孔径长度的一半，因此天线孔径越小，其方位向分辨率越高。

SAR一般装载在“全球鹰”“捕食者”等高空长航时大型无人机上。随着SAR技术的发展和提高，其分辨率越来越高，目前已接近或超过光学成像的分辨率。近年来，微小型化技术也推进了SAR向微小型方向发展。

5.2.6.2 机载激光雷达

激光探测及测距系统（light laser dection and ranging，LiDAR）简称激光雷达。激光雷达根据其应用原理可分为三类：测距激光雷达（range finder LiDAR）、差分吸收激光雷达（diferential absorption LiDAR）及多普勒激光雷达（Doppler LiDAR）。

机载激光雷达以飞机为观测平台，其系统组成主要包括：激光测量单元、光学机械扫描单元、控制记录单元、动态差分GPS、惯性测量单元和成像装置等。其中，激光测距单元包括激光发射器和接收机，用于测定激光雷达信号发射参考点到地面激光脚点间的距离；光学机械扫描装置与陆地卫星的多光谱扫描仪相似，只不过工作方式完全不同，激光属于主动工作方式，由激光发射器发射激光，由扫描装置控制激光束的发射方向，在接收机接收发射回来的激光束后由记录单元进行记录；动态差分GPS接收机用于确定激光雷达信号发射参考点的精确空间位置；惯性测量单元用于测定扫描装置的主光轴的姿态参数；成像装置一般多为CCD相机，用于记录地面实况，为后续的数据处理提供参考。

激光雷达的工作原理与无线电雷达非常相近，是一种主动遥感技术，不同的是，激光雷达发射信号为激光，与普通无线电雷达发送的无线电波乃至毫米波雷达发送的毫米波相比，波长要短得多。机载激光扫描原理是由激光器发射出的脉冲激光从空中入射到地面上，传到树木、道路、桥梁、房子上引起散射。部分光波会经过反射返回到激光雷达的接收器中，接收器通常是一个光电信增管或个光电二极管，它将光信号转变为电信号，并记录下来，同时由所配备的计时器记录同一个脉冲光信号由发射到接收的时间。

无人机载LiDAR已得到广泛关注，但由于无人机载荷能力、飞行姿态稳定性等条件的制约，如何实现LiDAR设备的轻小化，提高LiDAR数据处理能力等问题还有待进一步研究。

5.2.7 机载光电稳定平台

无人机任务载荷在工作过程中会不可避免地受到无人机姿态晃动的影响，出现光轴晃动的现象。这会带来两个问题：一是单帧图像模糊；二是前后帧图像间的几何位置关系无法实时匹配，造成实时下传或保存的图像扭曲变形。通常使用光电稳定平台解决载荷光轴晃动带来的这些问题。利用光电稳定平台的伺服系统控制平台方位、横滚和俯仰框架转动，实时补偿无人机晃动的影响，实现光轴稳定。光电稳定平台包括稳定平台和电控箱两部分。

光电稳定平台的稳定平台部分般采用三轴、三框架结构形式，其中两轴两框架稳定下视。该系统由俯仰轴系、横滚轴系和方位轴系三部分构成，包括陀螺、驱动电机和角度载荷。俯仰轴系和横滚轴系采用力矩电机直接驱动，具有结构简单、低速性能好和传动精度高的特点；方位轴系通过齿轮直流电机驱动。

5.2.8 测绘无人机地面控制与处理站

地面控制站（ground control station，GCS）是无人机系统的指挥、控制中心，主要完成飞行控制、数据链管理、机载任务设备控制，同时监控无人机系统运行状况，包括飞行状态、任务载荷状况、动力系统参数等。地面处理站指专门完成无人机测绘数据快速处理和产品生成的设备。地面控制站和地面处理站通常集中在一起，可统称为地面站。

5.2.8.1 地面站基本结构

地面站通常由系统监控、飞行器操控、任务载荷控制、数据链终端、数据处理、数据分发等几个主要部分组成。系统监控部分实时监视飞行器飞行状态、任务执行情况、燃料与电池消耗、危险告警等信息。飞行器操控部分控制飞行姿态、航线、航迹等。任务载荷控制部分控制各种任务载荷的运行参数和工作状态。数据链终端将各种控制命令经上行链路发送至飞行器，并通过下行链路接收无人机运行参数和获取的数据。数据处理部分主要完成无人机所获取数据的处理与分析。数据分发部分主要负责对处理过的数据进行分发服务。大、中、小型无人机系统的地面站在结构组成和规模大小上有所区别。大中型无人机系统的地面站一般为包括多个操作台的控制方舱，同时还可能包括操作控制分站，而小型无人机系统的地面站可能只是一台便携式的笔记本电脑。

（1）控制方舱。“全球鹰”地面控制站安装在长10 m的独立拖车内，内有遥控操作的飞行员、监视侦察操作手的座席和控制台，三个任务计划开发控制台、两个合成孔径雷达控制台，以及卫星通信、视距通信数据终端。

（2）小型地面控制站。在小型、微型无人机的使用中，往往配备便携式的小型地面控制站。这类小型地面站功能与地面方舱基本相同，只是更加精炼，将航线管理与显示、状态参数综合显示、传感器数据显示综合在一个屏幕上进行表达，用高机动车（大型吉普）搭载。可供一线人员直接进行控制和接收回传信息。更小型的视频接收系统，可用于敌后特种部队携带，接收侦察信息等。

5.2.8.2 地面站主要功能

地面站主要功能包括跟踪控制、领航控制、飞行控制、任务控制、数据处理和信息传输六大类。

（1）跟踪控制。跟踪控制台主要完成天线定标、测距校零、引导天线等跟踪控制功能，前两者是飞行前必须要做的准备工作。

天线定标即确定天线。方位角与正北的夹角。由于地面站停放位置的随意性，需要对天线的方位角进行定标，定标方法有两种。

①飞机定标，在飞机和地面站上均装有定位设备时，地面站定位数据发送给监控软件，同时飞机的定位数据通过遥测发送给监控软件，当地面站测控定向天线对准并且锁定飞机时，监控软件可同时得到这两种数据，这样可计算出天线此时的实际方位角。

②近距定标，近距定标和飞机定标的原理相同，只是由手持定位设备代替了飞机定位设备。测距校零的目的是根据实际距离（可通过地面站和机载定位设备获取）计算出测距设备的零值，在收到测距上报时扣掉测距零值，就可得出真实的距离值。

引导天线有手动引导和数字引导两种方式，目前一般为数字引导。数字引导是通过监控链路动态设定天线的方位角，使天线指向飞机。执行数字引导的前提是天线已定标，且地面和机载定位设备都有效。在设备发生故障等紧急情况下，可采用手动引导。

（2）领航控制。航迹规划问题是领航控制中最重要的组成部分，是在考虑地形因素、威胁因素以及任务需求的基础上，寻找从起点到终点的一条可飞行路径。航迹规划中很重要的一个内容是在起飞前选定任务区域及飞行航线。具体包括：选择巡逻地点以避免与其他飞行器或空中目标在目标区域附近发生空中冲突；考虑将要使用的传感器的类型、传感器的视界及其有效覆盖范围。如果传感器是如电视摄像头一样的装置，目标与太阳的相对位置及飞行器的位置也要作为选择巡逻地点的一个因素，如果地面高低不平或植被茂盛，那么事先选择合适的巡逻路线以便在观察目标区域时能有良好的视线，也是非常重要的。

自动规划系统可以将飞行路线叠加在数字地图上；对选定的飞行路线自动计算飞行时间及燃油消耗；自动记录飞行路线；基于数字地图数据的仿真环境显示。仿真图像显示了在不同的巡逻位置及不同的海拔高度观察到的场景，使操作员能为执行任务选择可接受的有利位置。

（3）飞行控制。一旦完成任务规划，地面站就要转变到对任务执行期的无人机系统所有要素进行控制这一基本功能上，这些基本功能包括：发射过程中飞行器的控制及下达飞行器发射指令；飞行途中对飞行器的控制，监控飞行器相对于任务规划的位置和飞行状态；维护新修改的任务规划。要考虑新修改的任务规划与预规划任务的偏差并确保没有超出系统的承受范围（留有足够的燃油让飞行器到达回收区域、飞行路线上没有高山阻挡及不会飞入禁飞区等）；对任务有效载荷的控制；控制有效载荷数据的接收、显示及记录；有效载荷数据（实际数据或根据数据得出的信息）向用户的传输；回收过程中对飞行器的控制。

（4）任务控制。任务控制指任务设备操控员通过任务控制台的键盘和任务操控杆完成对机载任务设备的指挥控制，主要完成拍照间隔设置、录像设置以及目标跟踪定位等控制操作。通过任务操控杆实现目标的锁定与跟踪，对于识别和定位目标具有重要意义。

（5）数据处理。测绘无人机系统的地面站一般还应包括大量的数据处理功能。数据处理主要包括测绘成图、应急快速成图、三维重建和空中全景监测等。

（6）与其他应用系统的信息传输。该功能用于向其他指挥系统、应用系统快速分发无人机获取的信息和数据处理成果。这个过程不仅是在飞行任务结束以后，更重要的是在飞行任务执行期间，对获取数据进行多层次的分析和处理，并通过有线、无线通信系统将数据进行传输，及时地得到应用方反馈意见，再由飞行指挥人员对预先规划的任务立即做出修改，使得地面站下一步的工作更加有效。

5.3　无人机测绘成图技术

无人机测绘成图技术以无人飞行器为飞行平台，一般以非量测型成像设备为传感器，直接获取摄影区域高分辨率的数字影像，经过系列的后处理，生成覆盖该区域的影像图产品，具有灵活机动、快速反应等特点，是一种新兴的技术先进的测绘手段。

5.3.1　无人机数字正射影像图

无人机数字止射影像图是利用数字高程模型，对无人机航摄像片，逐像元进行预处理、几何纠正和镶嵌，按图幅范围裁切生成的影像数据，带有公里格网、内外图廓整饰和注记的平面图。它同时具有地图的几何精度和影像特征，可用于大比例尺地形图的更新，从中提取自然和人文信息，具有精度、现势性和完整性。

要生成满足摄影测量测绘生产规范的无人机数字正射影像图，至少需要满足以下两个前提条件中的一个。

（1）无人机平台搭载了位置和姿态测量装置（如GPSINS），且测量装置的测角精度应达到侧滚角、俯仰角不大于0.01°、航偏角不大于0.02°。

（2）无人机测绘作业前已按照数字摄影测量的规范布设了符合要求的地面控制点，且飞行作业中，飞行姿态控制稳度满足横滚角小于±3°、俯仰角小于3°、航向角误差小于+3°。

5.3.2　应急快速成图解析

无人机具有机动灵活的特点，可以低空飞行，通过视频或连续成像形成时间和空间重叠度高的序列图像，图像具有分辨率高、信息量丰富等特点，特别适合为应对突发应急事件提供测绘保障。通常，应急影像图是在纸上印刷成图的，所以，在确定和规划总体设计的各项内容时，必须要了解纸张和印刷的有关规格的规定，使设计的图幅位置和内容在印刷和纸张上得到合理的安排，并尽量节省人力和物力，降低成本，缩短出图的周期，保证影像图具有必要的精度，以及适合于影像图用途的内容和美学效果。

5.3.2.1　底图内容的选择与确定

影响底图内容确定的因素很多，但起决定作用的因素主要有：应急影像图的用途和制图区域的特点。应急影像图的用途决定着影像图的主题，影像图的主题直接影响若底图内容要素的选取。与影像图主题相关的底图内容要素可以选择，关系密切的底图要素还可以加粗或选择鲜亮颜色重点突出显示；没有关系或关系不大的底图要素可以舍去不显示。

制图区域的地理特点也直接影响着底图内容的选择和确定。例如，湿润地区和干旱地区对于底图中水系要素的选取标准就不一样。

5.3.2.2　底图比例尺的选择与确定

底图比例尺的选择受到遥感影像的分辨率、影像图的用途、制图区域的范围（大小和形状）和既定的影像图幅面（或纸张规格）的影响。在这些因素中，遥感影像的分辨率和影像图的用途是影响底图比例尺确定的主要因素，而制图主区的范围和纸张的幅面规格，是具体确定比例尺不可忽视的基本条件，这些因素互为制约关系。如设计某区域的影像图时，限定了纸张的面积，则制图主区的范围大，比例尺就小，反之比例尺就大；如果制图主区的形状和大小已定，则纸张的面积大，比例尺可选择大些；反之，比例尺应选小此。

确定底图比例尺时，还应特别注意：①在各种因素制约下，确定的比例尺应尽量大，以求表达更多的底图内容；②充分利用纸张的有效面积，确定合理的比例尺，不要把过多的面积用在装饰上，或者裁切掉过多的纸边造成浪费。

5.3.2.3　各种规范设置

（1）影像规范。应该根据地理现象和操纵尺度选择最佳分辨率的遥感影像数据。选择合适的空间分辨率，必须研究像幅表达内容的特性。许多环境科学家在多空间和时间尺度下给出了不同应用领域中的遥感数据空间分辨率的最佳选择。影像地面分辨率的选择应结合影像图用途，在确保成图精度的前提下，本着有利于缩短成图周期、降低成本、提高测绘综合效益的原则进行。

（2）注记规范。除了遵循地图注记设计的一般规范外，还需要根据应急影像图主题内容突出标注某些要素的注记。注记标注需要确定五个要素，即注记的字体、字号、字色、字隔和字列。

字体指应急影像图上注记的体裁。汉字字体繁多，地图上经常使用的有宋体及其变形体（左斜宋体）、等线体及其变形体（耸肩等线体、扁等线体、长等线体）、仿宋体，还有隶体、魏碑体及美术宋体、美术等线体。宋体字由于横细竖粗的特点，在地形图上常用于较小居民地的注记，其变形体左斜宋体则用来注记各种水系名称。字号指应急影像图注记字的大小。字号在一定程度上反映被注对象的重要性和数量等级。等级越高的地物，其注记就越大；反之，则小。制作应急影像图时，注记的字号要根据用途和使用方式确定。注记的字号可以按照相排字机提供的20种字号尺寸（7~62级）进行选择。字色指注记所用的颜色。字色与字体类似，主要用于加强要素之间的类别差异。水系一般用蓝色注记，地貌用棕色注记，即与所表示要素的用色致。一般来说，人们对应急影像图注记的感受能力取决于注记及其背景之间的视觉对比度。因此，应急影像图上的注记或者为浅色背景上的深色（黑色），或者为深色背景上的浅色（如白色）。字距指注记中字与字的间隔距离。应急影像图上凡注记点状地物（如居民点等）都是使用小间隔注记；注记线状物（如河流、道路等）则采用较大字距沿线状物注出，当线状物很长时尚需分段重复注记；注记面状物体时，常根据其所注面积而变更其字距，所注图形较大时，应分区重复注记。字列指同一注记的排列方式。汉字注记的排列方式有四种：水平字列、垂直字列、雁行字列和屈曲字列。水平字列、垂直字列和雁行字列的字向总是指向北方（或图席上方）。水平字列的注记线平行上下内图廓线，注记从左至右排列；垂直字列的注记线垂直于上下内图廓线，注记从上到下排列：雁行字列的注记线很灵活。屈曲字列的字向依注记线而改变，字向与注记线垂直或平行。

（3）标注规范。标注可以分为遥感图像内标注和遥感图像外标注。遥感图像内的标注其字色要注意与遥感图像的色彩区分，遇感图像外的标注基本遵循注记规范，但一般来说标注会比同级别的注记的字号要大，字色要更鲜艳。

（4）图面配置规范。图面配置就是确立图名、图例、比例尺、图廓、附图、附表、文字说明等图面要素的范围大小及图上位置。影响图面配置的因素主要有影像图的主题、用途、艺术性要求、出版条件（如输出纸张规格、印刷机的最大印刷幅面）。

图名即应急影像图的名称。图名的含义应当明确、肯定，一般包含两个方面的内容，即制图区域和类型。图名可以横排，也可以竖排。图名的字号和字体设计是整饰工作的任务。分幅应急影像图的图名一般用较小的等线体；挂图的图名最常用宋体和黑体，而且多采用扁体字。有时还需要对字的形式进行必要的装饰和艺术加工。图名的字号视选择的字体而定，黑度大的尺寸可以小些，黑度小的尺寸可以大一些，但一般都不应超过图廓边长的6%。近年来，随着数字制图技术和屏幕底图的不断发展，图名字体使用彩色的情况已相当普遍，这在很大程度上提高了影像图的艺术表现力。

图廓分为内图席和外图廓。内图廓通常采用细实线，外图廓的种类则比较多，分幅图上一般只设计一条粗线，挂图上则多设计带有各种图案的花边，图案的内容可以与影像图内容相关，也可以是纯粹的装饰性的图案。花边的跨度视其本身的黑度而定，一般取图廓边长的1%～1.5%。内外图廓间要留有配置经纬度注记的位置，一般取图廓边长的0.2%～1%。

此外，应急影像图多需要配置一定数量的附图、图例、图表和文字说明等。为了给读者读图提供方便，有些应急影像图可以增加一些补充性的统计图表。对于影像图获取的无人机型号、时间、高度等需要用文字加以说明。附图和图表文字的数量不宜过多，以免充塞图面，而且配置时要保持视觉上的平衡，不要都集中在一起。

（5）整饰规范。应急影像图的整饰指为了使影像图内容主次分明、协调美观和清晰易懂而采取的加工修饰工作。它是影像图表现形式和表示方法的总称，是应急影像图设计中艺术设计（图面美化）的重要内容。

5.4 无人机测绘数据处理关键技术及应用

随着我国现代社会主义市场经济的不断发展与进步，科技技术的发展和应用水平也不断提高，其中对于无人机的研究和运用增加，无人机在不同的工作领域中均有应用，对于抢险救灾、城市管理、测绘测量和影视剧拍摄等具有重要作用。

5.4.1 无人机测绘数据处理关键技术

5.4.1.1 相机检校

无人机测绘一般搭载非量测相机，其主距和像主点在像片中心坐标系里的坐标未知，根据影像无法直接量测以像主点为原点的坐标，须进行内定向。同时非量测相机的镜头畸变差较大，所量测的像点坐标产生误差，造成像点、投影中心和相应的物方点之间的共线关系受到破坏，影响物方坐标的解算精度，必须对其进行校正。常用的相机检校方法主要有试验场检校法、自检校法和基于多像灭点的检校方法。其中试验场检校法相对成熟且应用广泛，自检校法灵活性强但效率低，基于多像灭点的检校法在可变焦镜头的标定上，算法复杂结果更精确。

5.4.1.2 PPK与INS

PPK技术，又称为动态后处理技术，是利用载波相位进行事后差分的GPS定位技术。PPK的工作原理是利用进行同步观测的一台基准站接收机和至少一台流动站接收机对卫星的载波相位观测量，事后在计算机中利用GPS处理软件进行线性组合，形成虚拟的载波相位观测量值，确定接收机之间厘米级的相位位置；然后进行坐标转换得到流动站在地方坐标系中的坐标。

PPK技术基本原理是根据惯性空间的力学定律，利用陀螺仪和加速计等惯性元件感受运行体在运动过程中的旋转角速度和加速度，通过伺服系统的地垂跟踪或坐标系统旋转变换，在一定的坐标系内积分计算，最终得到运动体的相对位置、速度和姿态等导航数据。

5.4.1.3 空中三角测量

空中三角测量也称空三加密，是利用航摄像片与所摄目标之间的空间几何关系，根据少量像片控制点，计算待求点像片外方位元素的过程。当前广泛应用的是GPS/MU辅助空中三角测量。空中三角测量是数字测绘产品生产最核心的环节，决定了整个产品的精度。

空中三角测量主要包括像点匹配、控制点量测和平差。像点匹配由软件自动完成，参数设置尤为关键，通常无人机航飞影像像幅小，初始姿态参数误差较大。在引入GPS/IMU后也不可避免地出现一部分粗差点。应用控制点参与计算，可以提升空三加密精度。量测完成后进行最终的平差解算，首先将物方标准方差权放大，进行粗差的消除，然后逐步提高物方权重，确保粗差被全部探测出，最后给合适的权值平差。

5.4.1.4　DEM

生产数字高程模型（DEM）是通过有限的地形高程数据实现对地面地形的数字化模拟（即地形表面形态的数字化表达），它是用一组有序数值阵列形式表示地面高程的一种实体地面模型，是数字地形模型（DTM）的一个分支，其他各种地形特征值均可由此派生。无人机航空摄影测量生产DEM主要过程包括在空三加密基础上对原始影像进行重采样生产核线影像，系统自动匹配三维离散点，得到DSM，最后进行滤波得到DEM。

虽然航测软件实现了自动匹配，但是由于现实地物的复杂性及人工地物影响，需要对DEM进行人工编辑。DEM是原始航片进行纠正的基础，只有准确的DEM才能保证DOM的精度。

5.4.1.5　DOM

生产数字正射影像（DOM）是对航空（或航天）相片进行数字微分纠正和镶嵌，按一定图幅范围裁剪生成的数字正射影像集。它是同时具有地图几何精度和影像特征的图像。无人机航空摄影测量生产DOM主要过程包括在空三加密基础上进行DEM数据处理、影像匀光匀色处理、影像纠正处理、DOM镶嵌处理及分幅裁剪处理。高质量的DEM是保证DOM精度的前提，特殊区域如高架桥、陡壁等需要手动添加特征线。

无人机航飞影像像幅小，镶嵌处理是DOM生产人工处理工作量比较大的一个环节，镶嵌线尽可能沿自然地物且避开建筑物，确保DOM接边精度符合要求。

5.4.1.6　DLG

生产数字线划图（DLG），是与现有线划基本一致的各地图要素的矢量数据集，且保存了各要素的空间关系信息和相关属性信息。无人机航空摄影测量生产DLC主要过程包括在空三加密基础上恢复立体像对、立体采集、外业调绘和内业编辑成图。DLG生产周期在数字测绘产品生产中最长，其立体采集需要专业技术人员佩戴3D眼镜通过专业立体电脑采集。

5.4.1.7 实景三维模型生产

实景三维模型属于三维模型的范畴，与传统人工建模不同的是其场景是实地真实反映。实景三维模型以其生产自动化的高效率和逼真细腻地物的现势景观表现而体现出其相对于其他建模方式模型在大范围城市三维场景模型方面的巨大优势，它为大范围的规划设计提供了一个宏观的视角。实景三维模型生产目前比较成熟的软件有Context、Capture、Phodoecan等。主要生产流程包括影像导入、定位信息导入、空三加密、模型生产和模型修复。

5.4.2 测绘行业应用

随着无人机技术和遥感技术的不断发展，无人机遥感作为除航天和传统航空外的地理信息获取重要技术段，已成为众多测绘单位的标配装备，应用十分广泛。无人机遇感技术在测绘行业中具有非常重要的作用。无人机测绘技术在国家生态环境保护、矿产资源勘探、海洋环境监测、土地利用调查、水资源开发、农作物长势监测与估产、农业作业、自然灾害监测与评估，城市规划与市政管理、森林病虫害防护与监测、公共安全、国防事业、数字地球以及广告摄影等领域得到广泛应用，市场需求前最十分广阔。无人机测绘行业应用主要包括以下几个方面。

5.4.2.1 4D测绘成果生产

无人机航空摄影测量是无人机遥感的重要组成部分，是航天摄影测量和传统航空摄影测量的有力补充，航天摄影测量适合大区域（1 000 km^2以上，面积越大，成本越低）中比例尺（1∶5 000，1×10 000及以下）4D测绘成果生产，传统航空摄影测量适合大范围（500 km^2以上，面积越大，成本越低）大比例尺，中比例尺4D测绘成果生产，而由于无人机航空摄影测量具有无人机飞行相对航高低（50~1 000 m）、飞行速度慢（通常小于200 km/h）、受气候条件件影响小（可云下超低空飞行）、遥感影像分辨率高（影像最高GSD可小于5 cm）、起降场地要求低、系统价格低廉、作业方式灵活（可测区内起降，受空中管制和气候影响较小），安全性较高、作业时效性好、系统性价比高，作业周期短和效率高等特点，更适合小范围（300 km^2以下）大比例尺、中比例尺4D测绘成果生产。地质灾害监测及应急测绘等领域。

无人机航空摄影测量主要使用的机载遥感任务设备包括轻型光学相机系统、高分辨率数码相机系统和轻小型的多光谱成像仪、合成孔径雷达系统.机载激光扫描系统等。

5.4.2.2 倾斜摄影三维实景建模

倾斜摄影技术是国际测绘领域近些年发展起来的一项高新技术，是摄影测量与遥感未来的主要发展方向。该技术在欧美等发达国家已经广泛应用，如应急指挥、国土安全、数字城市（工程）管理、生态与环境治理、工程勘测设计、数字旅游开发、数字文物保护和房产税收等。无人机倾斜摄影三维实景建模主要使用的机载遥感设备包括各种轻小型或微型倾斜摄影相机系统，软件系统主要包括Bentley公司的ContextCapture软件，Skeline格式的PhotoMesh软件，Pictometry公司的Pictometry软件，法国欧洲空客防务与空间公司的PixelFactory NEO（原Street Factory街景工厂），俄罗斯的Agisoft PhotoScan软件，微软Vexcel公司Ultramap软件，以色列的VisionMap软件，以及基于INPHO系统的AOS软件，武汉天际航信息科技股份有限公司的DP-Modeler等。

5.4.2.3 空中全景摄影

空中全景摄影技术是国际测绘领域近些年发展起来的一项高新技术，是摄影测量与遥感未来的一个重要发展方向，它颠覆了以往只能从地面拍摄的局限，通过在同一飞行平台上搭载多台传感器，同时从多个不同的角度采集影像，将用户视角提高至空中，合成的全景影像范围更大，空中俯瞰的效果更为震撼，更符合人眼视觉的真实直观世界。目前广泛应用于城市级旅游景点宣传、房地产推介、电子导航地图、智慧城市（工程）、智慧交通、智慧水利，生态与环境治理等领域。无人机空中全景摄影主要使用的机载遥感任务设备包括轻小型全景相机系统。

5.4.2.4 自然灾害、突发事件应急处理应用

无人机遥感在自然灾害、突发事件应急处理的应用主要采用摄影测量技术，更多地使用快速生产制作的数字正射影像DOM和数字高程模型DEM，使用的主要遥感任务设备。数据处理软件和作业流程与无人机摄影测量基本相同。

5.4.2.5 资源变化检测及违章违法监控

无人机遥感技术在我国资源变化检测及违章违法监控应用比较广泛，如国土资源管理行业的土地利用现状变化检测和违章用地监控。城市管理中的违章建筑监控和工程建设中违法建筑等，主要通过多期无人机遥感影像比较发现变化对象或监控对象。

无人机遇感技术还能够及时获取感兴趣区城中新发现古迹、新建街道、大桥、机场、车站以及土地、资源利用情况等最新、最完整的地形地物和影像资料，对地区、各部门在综合规划、田野考古、国土整治监控、农田水利建设、基础设施建设、厂矿建设、居民小区建设、环保和生态建设等方面提供详实的辅助决策基础资料，提高规划成果质量和决策水平。

无人机遥感在资源变化检测及违章违法监控方面，可根据任务的不同需求选择使用不同遥感任务设备和处理软件。

第6章　无人机其他技术应用

无人机技术是一项涉及多个技术领域的综合技术，它对通信、传感器、人工智能和发动机技术有比较高的要求。无人机与所需的控制、储存、发射、回收、信息接收处理装置统称为无人机系统。目前，用于商业用途的无人机正在蓬勃发展。这将给不同的企业一个大规模的机会来提高他们的收入，并帮助全球经济以难以想象的方式增长。

6.1　无人机导航定位技术及应用

目前，国内外对于无人机的研究和应用日趋深入，无人机导航系统作为无人机飞行的“引路器”，一直是人们重点关注的焦点之一。无人机的广泛应用给研发和生产无人机导航设备的机构和部门带来了良好的发展机遇，无人机导航也迎来了前所未有的快速发展时期。一方面，无人机在各行各业的应用对无人机导航提出了更高的需求，要求无人机导航不断进行理论、方法、算法等方面的完善与创新，给出精度高、可靠性强的智能化导航解决方案，去应对复杂环境和高难度任务时所带来的导航应用难题。另一方面，无人机导航应充分考虑无人机特点，紧密结合用户任务需求，不断地进行系统优化和更新换代，生产出体积小、质量轻、功耗低和可靠性高的导航设备，努力研发，创造出新的适合不同类型无人机使用的高性能用户导航设备。所有这些，对于从事无人机研发、生产和应用等行业的技术人员和机构来讲，都是前所未有的发展机遇。人们应该抓住机会，努力进行理论创新和实践尝试，不断推陈出新，生产出性能更加优良、更加智能的无人机导航设备，为未来无人机产业的发展和应用打下良好基础。

6.1.1 无人机导航定位系统

无人机导航系统是无人机系统的重要组成部分，是无人机完成飞行任务和载荷任务的关键设备，也决定了无人机未来的发展与应用方向。随着无人机技术的发展及其应用范围的不断扩展，各行各业的无人机用户对无人机导航提出了许多不同的新的需求，这就促使人们进一步研究无人机导航的相关技术，并努力推动导航应用的发展。目前，无人机导航逐渐呈现出一些新的发展趋势，这给无人机相关行业带来了一些新的机遇，但同时，在这些机遇的背后也存在着诸多新的挑战。

一般来说，无人驾驶飞行器的导航定位装置大致可分为自主式与非自主式两类。采用线控和遥控方式的无人机，基本上都在目视或无线电测控系统能够“观察”到的范围内飞行，可以不装载专门的机载导航、定位设备，其航线和飞行状态的修正由地面操纵员适时控制。远程无人机在执行任务时，其活动半径往往已超出地面站观察和测控的范围（使用卫星通信和中继通信的除外），因此需要由机载导航设备（如惯导、GPS导航系统等）独立完成精确导航任务。

无线电导航是依靠无线电引导飞行器沿预定航线，在规定的时间内到达目的地。著名的多普勒导航系统、战术空中导航系统（塔康系统）、甚高频全向方位导航系统（伏尔系统）、低频脉相双曲线远程导航系统（罗兰-C导航系统）、奥米伽导航系统等均属于无线电导航系统的范畴。卫星导航系统是目前使用非常广泛的一种导航系统，GPS（全球卫星导航定位系统）、中国的北斗卫星导航系统（BDS）等是卫星导航系统的代表。从原理上讲，GPS也是一种无线电导航系统。与其他无线电导航系统相比，GPS可实现全球导航，精度比较高。美军的无人机以及部分精确制导导弹通常采用这种简单、实用、廉价的制导方式。

无人机使用的组合导航系统种类很多，比较典型的有INS/DNS组合导航系统、GPS/INS组合导航系统、CPS/DNS 组合导航系统、GPS/INS/DNS 组合导航系统等。在新型组合导航系统中，各种机载导航系统与CPS组合的方案相对较多，此种方案容易实现，且成本较低。组合导航系统的余度大，可靠性好，综合效能高。GPS、INS、DNS等系统既能够“联手”合作，为无人机提供更为精确的导航、定位服务，也可以独立工作，以保证当其中一部分导航方式设备发生故障时，整个系统仍可完成导航任务。

6.1.2 无人机导航定位新技术

无人机可用的导航方式多种多样，无人机的导航任务及对应的导航应用需求也各不相同，因此就形成了多种多样的无人机导航应用。在单机导航应用中，根据航程的不同，单架无人机一般采用卫星导航、惯性导航等导航方式及其组合来完成相应的飞行任务。而在多机导航应用中，根据工作任务的不同，多架无人机可以采用相同或不同的导航方式来完成多机协同任务，并且需要通过统一的时间系统来保证机群间的同步操作。在导航的军事应用服务中，无人机导航子系统一般不仅要为自身提供定位和导航服务，更多情况下还要作为整个联合作战平台或者任务系统的“眼睛”，为其他任务单元或平台中心提供定位和导航信息，并且还要对执行任务的周围环境进行监测，以利于进行战场态势评估，解决复杂环境下的导航难题，完成高难度的工作任务。在以上诸多应用中，有些导航方式较为典型，也有些导航系统的特点较为突出。

6.1.2.1 单机导航

近年来，无人机朝着类型多样化、系统复杂化和功能强大化等方向发展，无人机导航也因此呈现出各种各样的特点，从微小型的无人机导航到高空长航时的无人机导航，无人机导航也越来越多元化、自动化、智能化，适应环境与应用的能力越来越强，逐渐实现了全空域覆盖，并遍及于越来越多的行业应用。但在不同飞行环境和不同工作任务的约束下，不同类型的无人机要采用与之相适应的导航方式，以实现精确定位、高效导航的目的。

（1）微小型无人机导航。

微小型无人机具有体积小、质量轻、成本低和隐身性好的优点，适合复杂多变的工作环境，被广泛应用于各行各业。在军事上，它可以用于执行侦察、精确打击、态势感知等战斗任务；在民用上，它可以用于探测、巡察、感知等工农业作业。

考虑到其应用环境的多变性，微小型无人机需要采取高可靠、高容错、高完好性的导航手段。一般来讲，GPS/INS组合导航是目前比较成熟的导航技术，可提供连续可用的高精度导航服务，是大多数无人机导航应用的首选。在GPS信号基本完好，处于不太复杂环境或遮挡不严重的情况下，GPS/INS的组合导航基本可以满足微小型无人机的应用需求，但在GPS信号遮挡严重的复杂区域，或在恶劣的电磁干扰环境下，或无人机要执行复杂、艰巨的战场、灾变工作任务时，GPS会出现信号质量下降甚至缺失的现象，导致其无法提供基本的定位服务，并且随着INS的误差积累进一步扩大，最终可能造成由于定位精度下降较大而无法完成给定的飞行任务或载荷任务。

另外，在某些军事应用中，敌方也经常会采取基于伪卫星的干扰和欺骗技术，来阻断卫星导航接收机的正常卫星信号，致使GPS/INS组合导航系统逐渐失效，或提供不可用的导航服务，使无人机飞行和控制系统产生错乱，或者还可能将我方无人机诱导至危险地带或敌控区域，丧失继续执行飞行任务的能力。

这时如果能够借助视觉导航或图像匹配导航，利用无人机周边的环境信息为无人机进行正确引导，就可以减少或避免上述情况的发生，提高无人机在恶劣环境下的生存能力。由于微小型无人机的飞行高度一般较低，完全可以利用其上的摄录装置进行图像采集，获取丰富的周边环境信息来完成视觉导航。视觉导航借助周围环境参照物，利用可见光或者红外线这种自然信息，获得无人机相对地表运动的状态信息，在GPS信号失效和INS误差变大的情况下，可以完成对无人机的准确、可靠导航，并且能有效抑制惯性导航的积累误差，提供具有自主性、隐蔽性、完好性的良好导航服务。

因此，可以考虑将这三者进行组合，集GPS、视觉导航和惯性导航各自的优势，建立GPS/INS/视觉组合导航系统。这种三组合的方式，可以充分利用卫星导航系统、视觉导航系统和惯性导航系统各自的导航信息，既兼顾了无人机导航的自主性、隐蔽性和抗干扰能力，又具有高精度和大范围覆盖的特性，是一种高性价比、深层次的组合导航方式，在强干扰环境下能为无人机提供更加可靠的导航服务，尤其可以满足军事上隐蔽侦察等任务的需求，大大扩展了微小型无人机的应用范围。

（2）作战无人机导航。

无人机最早即起源于军事需求，因此作战无人机或军用无人机在无人机中占有较大的比例。对作战无人机的基本要求是可靠性高、机动能力强、飞行速度快，且能够携带一定数量的任务载荷，航程要满足较长距离的飞行需要，并具有在复杂环境下完成侦察、战斗、攻击的能力，对抗各种干扰的能力要强，才能在战场上发挥重大作用。基于以上这些基本要求及能力需求，作战无人机的主选机型往往为中大型无人机。

当前作战无人机的主要任务，包括用于压制敌人的防空系统，打击地面关键目标、开展重要兵力支援、战场侦察态势感知等，按所执行任务的不同，可以将作战无人机分为三类，即侦察无人机、战斗无人机和攻击无人机。

侦察无人机主要用于长时间的侦察以及强度较弱的对抗，为了完成侦察工作任务，无人机一般要有一定的飞行高度，这时卫星信号不易被遮挡，电磁环境可能也不太恶劣，其导航系统通常采用卫星导航与惯性导航的组合即可满足要求。如果对侦察区城的位置精度要求较高，可以考虑采用GPS的差分技术，普通的码伪距差分校正方法可以达到1 m左右的定位精度，而RTK

实时动态差分法，采用的是载波相位差分方法，可以达到亚米级甚至厘米级的动态定位精度。

（3）高空长航时无人机导航。

高空长航时无人机（High Altitude Long Endurance Unmanned Aerial Vehicle，HALEUAV），是一种飞行高度在10 000 m以上，续航时间至少为12 h，能昼夜持续进行空中侦察、监视的无人驾驶飞机。利用HALE UAV观察地面目标，具有分辨率高、成本低、安全性好、灵活性强等特点，它的航程较远，可用于横跨地球半球的距离，去完成远程的侦查监视任务，具有长时间持续侦察、监视、截获和收集目标区域完整情报的能力，并可兼具引导条件下的攻击功能。因此，高空长航时无人机需要具有强大的动力能源或电源再生能力，其机型常常选用大型或超大型无人机。

由于高空长航时无人机任务的特殊性和运行环境的复杂性，一般要求其导航系统要有一定的自主性和灵活性，并且在电子对抗等恶劣环境下要保持较高的可靠性和抗干扰能力，必须具有长时间保持高精度定位的能力，能够实时、连续地提供无人机的位置、速度、姿态和航向等信息。基于这些考虑，高空长航时无人机一般采用GPS与INS组合导航的方式，来满足以上多维度的导航需求。

首先，由组合导航的内容可知，GPS系统可以提供精准的时空信息，INS惯导系统与GPS是一种很好的优势互补的组合方式。其次，高空长航时无人机上的大气数据系统（ADS），利用安装在载体外侧的压力传感器、总温传感器和攻角传感器等，通过测量机体周围气流场的动压、静压、总温和攻角等数据，并将这些信息送到计算机中进行解算，得到无人机的气压高度和速度等导航信息，可以作为对GPS和INS的数据补充。另外，由于高空长航时无人机的飞行高度较高，观测星体比较容易，因此天文导航系统（CNS）也可以与惯导系统进行组合，来进一步保证姿态与航向测量的精度，提高组合系统的可靠性。

因此，为了达到HALE UAV导航性能的要求，通过多系统组合来提升导航性能，通常采用INS/CNS/GPS/ADS四组合导航系统，对四大系统按自适应联邦滤波算法处理，使之优势互补。高空长航时无人机以INS为主导航系统，在各个不同的时间段分别利用INS、GPS、ADS和天文导航的部分或全部导航信息，通过联邦滤波并进行各传感器输出数据的信息融合，以获取最佳的导航参数，供无人机完成飞行任务使用，并用最终的定位结果来修正INS的定位积累误差。

目前已经有很多种导航方式，可以为无人机提供不同信源、不同视角、不同特性的导航服务，最常用和最主要的当然是卫星导航和惯性导航，其他还有可能用到的如多普勒导航、视觉导航、Wi-Fi导航、地磁导航和重力场导航等，并且已经开始尝试应用于无人机导航。相信随着人们对导航技术的逐步深入了解与认识，可以期待会有更多的、更先进的导航方式产生和发明出来，并在无人机导航领域发挥独特的作用

6.1.2.2　多机导航

随着无人机飞行任务和载荷任务需求的复杂化和多样化，多机协同工作就成为一种必然选择。这时，无人机技术的发展除了要继续提高单架无人机的功能和效用以外，还需要综合考虑多架无人机的联合使用所带来的控制、组织与管理问题，特别要探索和实践多机系统在完成复杂、协同、多功能的应用任务时，应采取的灵活有效的无人机通信、导航与控制模式，因此相应地，多机相对导航的概念就应运而生。

对于多无人机的导航，除了要求各无人机的绝对位置外，它们之间的相对位置可能更为重要或更加关键，高精度、高完好性的相对定位与导航信息，是无人机完成密集编队飞行、协同编队飞行、空中加油、空中自主交会对接等飞行任务的基础，因此建立高精度、高可用的相对导航系统，对于多机导航协同任务的完成具有重要意义。

根据多无人机协同任务的不同，无人机的相对导航可以有多种应用，比较典型的有无人机编队飞行、无人机空中加油等。下面就分别介绍这两种导航应用模式。

（1）编队飞行导航。

由于单架无人机所能够搭载的设备载荷、航程和活动区域等都是有限的，所以要完成比较复杂繁重的任务时，就必须出动多个架次的无人机，通过编队协调完成总体任务。编队作业的多架无人机可以分散搭载设备，将复

杂的任务拆分为若干个相对简单的任务，分配给编队中的不同无人机分别执行，使该项任务能够集中、一次迅速地完成，以有效地提高无人机的任务完成效率。在编队飞行时不同的无人机可以分别携带不同的装备、协作完成诸如高精度实时定位、多角度实时成像、大区域通信中继等单架无人机无法完成的任务。因此无人机编队飞行是无人机未来应用的一个重要方向，拥有广泛的发展和应用前景。

另外，在无人机执行任务的过程中，由于各种意外因素的影响，难免会造成局部损失、整体毁坏等而脱离当前任务环境，这对于单机来说就意味着任务实施的失败，面对于多无人机编队来说，仅仅是局部受到了影响，而整体仍然能够继续执行并按质完成任务。如果在编队中编入有备用的无人机，则在个别无人机脱离任务后还可以接替其任务，以保证整个编队任务的实现不受任何影响，这种高可靠和高冗余度的设计，在复杂多变的任务中显得尤为重要，也是无人机编队飞行突出的特点和优势。

无人机的合理、高效编队，是多无人机工作的基础和重要环节。简单地讲，无人机编队是指多架无人机为适应任务需求，而进行的某种队形排列和任务分配，编队内容包括了无人机飞行时的队形产生、保持和变化等，也涵盖了飞行任务的规划、组织、控制与执行等操作内容。

无人机编队相对导航是目前多机导航的主流应用，是实现多架无人机编队飞行、协同工作的基础，而基于“长机-僚机”（或主机-从机）的导航模式又是编队导航实现的关键与核心。基于这种导航模式的编队导航系统。由长机导航系统和僚机导航系统构成，长机系统用于确定整个编队系统在空间中所处的绝对位置，而僚机系统用于确定僚机相对于长机的相对位置，两者所提供的位置信息及精度，是编队飞行控制的基本要素和重要条件。

对于“长机-僚机”模式的无人机编队导航来说，长机一般可以采用惯导/GPS组合来实现精确可靠导航，而僚机则可采用视觉相对导航来确定僚机和长机之间的相对位置关系。如果是多架无人机编队的飞行环境，则每架无人机都可载有一套捷联惯导系统和一套数传设备，另外长机还应载有一套一定精度的GPS导航系统，其余无人机作为僚机，并都载有视觉相对导航设备。

（2）空中加油导航。对于军用级和工业级无人机，其动力驱动类型主要是油动的，气动、电动等驱动采用的较少，而娱乐级无人机则以电力驱动的较多。相对而言，油动发动机的机动速度快、维护费用低、生存能力强，在现代工农业生产和军事战争中扮演着越来越重要的角色，但空中加油（Aerial Refueling，AR）能力的欠缺，大大限制了无人机的使用范围和工作效能，空中加油技术成为未来无人机发展和提高的应用瓶颈。

空中加油主要是用一架携带足够油料的飞机，飞行去给另一架油料不足的飞机提供燃料动力的在线空中飞行补充支持。空中加油的飞机分为加油机和受油机两种，而飞机的类型可能是有人机，也可能是无人机。

无论是有人机还是无人机，都需要精确获取加油机与受油机之间的相对位置关系和相对姿态等相对导航信息。但当机载相对导航系统出现故障而无法提供这些信息时，有人机还可以依靠飞行员自身对飞行态势的感知和对飞行信息的决策来完成空中加油，而无人机则必须完全依靠可用的机载导航传感器和故障处理程序等手段自主完成，因此就要求实现空中加油的无人机，其相对导航系统必须具备更好的容错性、可重构性和自主决策能力等。

要实现两架无人机空中加油装置的顺利对接，应使对接阶段的机间相对位置测量精度优于10 cm；对应的姿态性能要求，即姿态的测量误差所导致的位置误差也应小于10 cm；并且为了不影响无人机的飞行质量，实时稳定保持良好的加油状态，还应保证导航信息的数据更新速率在50 Hz以上，这样任何单一的导航传感器均无法满足无人机空中加油相对导航的性能要求，需要采用组合导航方式及专门的数据插值处理算法。因此，目前用于无人机加油相对位置及姿态测量的导航传感器主要包括惯性导航系统、差分GPS系统、机器视觉（Machine Vision，MV）传感器等，它们构成了三类导航信息融合的相对定位系统。

INS/差分GPS组合导航系统，在GPS信号及差分改正数据正常稳定时，可输出高精度的相对导航信息，但考虑到在无人机空中加油的对接阶段，受油机的GPS信号容易受加油机的遮挡，一旦信号丢失将会导致导航精度迅速下降。这时，将机器视觉导航引入无人机的空中加油相对导航系统，对机器视觉、惯导以及差分GPS的测量值进行线性插值，并采用扩展卡尔曼滤波器（Extended Kalman Filter，EKF）融合惯导、差分GPS和机器视觉信息，来获取加油机/受油机之间精确的相对位置，姿态信息，为无人机的加油过程提供可用、连续、高更新率的高精度导航服务。

受油机和加油机上都装有差分GPS与INS，受油机上还加装有机器视觉传感器（摄像机），两机之间可以通过数据链进行相互通信，以交换各自的位置、姿态信息。在这种相对导航模式下，受油机和加油机会把差分GPS，INS和机器视觉等导航传感器的信息都传输到受油机的滤波器中，通过扩展卡尔曼滤波算法处理计算，得到两机相对的位置、姿态信息，供两架飞机进行相应的位置与姿态的实时调整，以高质量地完成空中加油任务。

6.1.2.3 导航服务

无人机由于其自身可灵活移动的特点，已广泛应用于各行各业，提供各种各样的应用与服务，而对于无人机的导航子系统或其搭载的导航载荷，还可以作为其他载体的导航服务单元或模块，为它们提供所需的导航服务。作为这样一种新的应用模式，下面将对无人机导航在联合作战和船舶引航领域的应用进行具体介绍。

1）联合作战领域的应用。

对于功能单一的无人机，可能在某个方面的功能十分强大，但是却只能执行和自己功能相匹配的任务，并且其功能高低和适用性往往也是相互制约的。因此，在现代战争中，面对恶劣的战场环境和复杂多样的作战任务，单一无人机的能力毕竟有限，所体现的作用已经在逐步减弱。多无人机、多机种联合作战是军用无人机未来发展的主要方向，无论是从攻击，侦察还是防御的角度来说，对于多机联合机群整体作战能力的提升都提出了更高的要求。面对复杂的战场环境，所获取的信息量及信息的质量是掌握战场主动权的关键，多无人机联合作战将提升整个联合机群的信息获取能力，弥补单一无人机在信息获取方面的片面性和不准确性，利用先进的导航理念赢得信息对抗的先机。下面就分别对侦察型、后勤服务型，打击型无人机的多机联合导航应用进行介绍。

（1）侦察型无人机。

多无人机编队执行侦察敌情任务时，侦察无人机将侦察到的敌方坦克部队的具体位置，通过无人机数据链发送给中继无人机，中继机再转发给我方的地面部队，为我方攻击部队对敌方坦克进行准确打击创造先决条件。

在这个多无人机联合侦察任务中，无人机利用自身的侦察和导航设备，可以为我方地面部队提供敌方目标的精确位置信息，其主要的工作过程和定位方法如下：

①侦察无人机编队飞行，采用GPS、INS、视觉导航和数据链系统等，保证对侦察路线的控制和飞行队形的保持。

②一旦无人机群发现可疑目标，通过盘旋、悬停等操作，对可疑目标进行确认、评估，进一步实施深层次侦察，获取目标种类与数量、相互关系与联系、动态特性、无线电信号及电磁频谱覆盖等信息。

③对发现并认定的目标进行精确定位，即先利用无人机上的GPS/INS组合导航系统精确定位无人机自身的位置。再利用无人机装载的视觉导航系统对认定的目标进行定位，可以利用多无人机的优势，从不同位置、不同角度同时对目标进行视觉图像采集，通过在无人机长机上的数据融合处理、计算得到认定目标的三维精确位置与速度信息。

④将目标的当前位置与速度信息及其他侦察信息打包，通过中继通信无人机发送给后方的指挥控制中心。实现对认定目标精确、及时的军事打击。

（2）后勤服务型无人机。

对于后勤服务型无人机，在严酷的战场条件和恶劣的电磁环境下，在卫星导航被干扰无法提供正常定位服务的条件下，服务型无人机通过快速建立无线电导航信号的区域级覆盖，可以为该区域范围内我方的装备、载体、人员等提供导航与定位服务。通常以无人机自身的位置作为空间基准，服务型的无人机群向覆盖区域内我方的战车、船舰、飞机、人员及武器系统等发射可用于导航的无线电信号，这些用户收到该导航信号后，通过测距、测角等方式实现相对或绝对定位，来保障这些用户能够得到可用的导航精度和实时、连续的导航服务，为完成联合作战任务提供后勤支撑。

（3）打击型无人机。

对于打击型无人机来说，多机联合作战利用各无人机上携带的各种导航传感器及其组合，实现对无人机群的精确定位与相对导航。通过精准的位置、速度、姿态等信息，就可以对各无人机的火力输出进行精确分配，实现对地面目标的多重循环攻击，从而有效地提高打击质量；利用导航信息对打击型无人机的引导，还可以有效扩大打击范围，一次出动同时对多个目标实施打击，加快毁灭目标的速度，提高打击效率。

2）船舶引航领域的应用。

随着船舰的体量，吨位越来越大，对船舰在狭窄巷道、礁石密布区、危险区域等恶劣环境下的引导至关重要。船舶引航员的工作就是基于船上的各种助航仪器，以及引航员自身对当时所处环境的观察、判断船舰的位置、速度、航向等导航参量，确定其与可能的障碍物或船舰的相对位置关系，发出操控船舶的指令，使其安全通过这些区域，同时还要与港口各部门保持信息的沟通。由于船体大小不同、船形各异、动态不一，而引航员自身的视野有限，助航信息也存在不准确、不及时等问题，对船舰的引导充满了较大的不确定性，尤其在恶劣天气（如台风，暴风雨）。急流暗湖涌动等情况下，引导不当就会引发航行危险，因此引航员的工作十分关键、重要，但是其繁重、复杂的任务特点，使引航的成功率或引航效率比较低下。

如果引入无人机辅助引航，获得来自第三方的导航信息，通过在船外的地面站或引航站对所获得的船舰定位信息进行融合处理，从而实时协助其引航操作，将起到降低引航风险、提高引航成功率、保障船舶安全航行的作用。

一种典型的无人机船舰助航系统包括地面站、助航无人机和可移动信息接收终端三大部分。地面站大多建立在引航站上，或者与其合二为一，并具有以下基本功能：控制无人机的功能，接收无人机采集的信息并进行实时处理的功能，形成助航信息及控制指令的功能，传送信息给船舰及引航员的功能。

助航无人机是一种专门采集引航信息的特殊无人机，机上带有高精度的GPS/INS组合导航系统，能够确定自身的精确位置；可以实时接收与执行地面站发出的控制指令，通过图像传感器采集船舶的实时位置与速度、航向等动态参数，并将这些信息传送给地面站和移动终端（引航员）。

可移动信息接收终端一般由引航员持有，能够接收和显示由地面站或无人机发出的引航和图像信息，并能发出引航请求信息。

无人机助航系统在对船舰进行引航的过程中，可以借助无人机的跟踪、定位、遥控、航拍、数据传输等功能，使地面站或引航站能够实现对船舶的多角度、实时、实景的远程监测；地面站通过将采集来的船舶航行信息进行实时分析与处理，可以生成非常重要的助航信息甚至是操作指令，实时地传递给船舶引导员或操纵员；引航员便可以得到来自本船外的第三方信息与协助，实现操作性更强。更加稳健与可靠的引航。

综上，无人机在船舶引航应用中可以起到以下几个方面的作用。

①同地面站协同工作，建立一个第三方的助航系统，利用新的视角和新的信息源来协助引航。

②形成对引航员和船舶导航的数据支持。

③提供对船舶实时操纵的决策支撑。

④在恶劣环境下完成对船舶的护航作业。

⑤实现对国际船舶避碰规则的技术支持。

在无人机助航系统的具体应用上，已经有澳大利亚的旗舰破冰船首次在南极使用无人机导航与引航技术，克服了重大的恶劣环境障碍，通过无人机提供的周围海冰情况的画面进行航行决策，成功引导了“南极光”号破冰船在海冰危险区域的安全航行和顺利通过，相信未来会有更多的无人机助航应用案例。

6.1.3　无人机导航定位技术面临的挑战

目前，无人机导航技术仍然面临不少问题与挑战。首先，从技术层面上讲，室外导航多数场景都可以用GPS，但是GPS在室内或其他有遮挡的区域（如高山峡谷。城市高楼等）则不能很好地应用。GPS/INS的组合导航虽能在一定程度上解决复杂环境无人机的导航问题，但也做不到尽善尽美，在GPS出现故障或一段时间的GPS信号缺失时，若单靠INS定位则误差会逐渐变大，因此有时还要借助视觉导航或地形匹配导航等来辅助完成导航引导。但是第三种导航方式究竟选哪一种更好？目前业界还没有一个统一认识。

其次，从载荷平台的角度考虑，过多的导航设备势必增加无人机的载荷和能耗负担，并且不同类型的电子导航设备同时在无人机的狭小平台上工作，也会造成相互间的信号干扰，尤其对卫星导航系统的影响更为严重。因此对无人机的导航系统，需要从选择最小化的导航组合，减小体积质量与功耗，提高抑制噪声和内部干扰的能力等方面开展进一步的工作。

再次，从应用层面上讲，无人机在防灾救灾、公安消防、物资运输、农田护理和飞行表演等行业都有了一定应用，但当无人机导航系统失灵，或未能提供符合精度、完好性等要求的导航服务时，就可能发生飞行意外，将对人身、财产、环境等的安全造成一定程度的威胁或后果。并且，针对现代战争的军事需求，美国继电子战和信息战之后，又提出了导航战的概念，这对无人机导航系统提出了抗干扰和可靠性方面的新挑战。因此如何根据无人机的不同应用场合，来选择可靠且适应能力更强的导航设备，仍然是业界需要考虑的重要问题。

考虑到目前无人机的类型较多、应用的多样化、工作环境的复杂等因素，以上这些都对无人机导航的应用提出了很大的挑战，无人机导航系统的精度、可靠性和智能化等还有待进一步提高，无人机的导航系统如何有效可靠应用，才能最大限度地让无人机为工农业生产和人类服务，将是一个长远的研究与发展课题。

6.1.4 无人机导航定位需求及发展趋势

6.1.4.1 新需求展望

为了给无人机提供满足飞行任务和载荷任务要求的导航服务，无人机导航系统在硬件和软件上、功能和性能上都要达到一定的水平，满足一定的要求才行。而随着无人机工作任务越来越复杂、多样，对导航系统的需求也越来越多。

从硬件上来讲，对无人机这种特殊的应用背景，往往要求搭载的导航设备质量轻、体积小，过重的质量会消耗无人机的载荷，过大的体积会减少无人机上的可用空间，限制无人机负重、容纳其他的任务载荷和设备，或者会消耗过多能源、减小飞行距离、降低飞行高度等，因此体积、质量以及成本等是无人机导航需要认真考虑的一个永恒话题。因此新的问题就是，如何在保证导航功能与性能的前提下，实现体积、质量、成本的最小化？即采用单一导航源还是多源？多源如何融合或组合？如何改进和完善硬件系统？

从软件上来讲，新的需求是要求无人机导航的智能化水平和适应能力要进一步提高。由于无人机要执行的任务日趋多样和复杂，需完成各种烦琐的飞行程序和高难度动作，面对多种复杂的外部环境，要及时处理随时出现的内部与外部问题。因此，导航设备的智能化是无人机系统的必然选择与要求，适应能力是完成复杂导航任务、应对飞行风险的基本保障手段。

从功能及外部的应用需求来讲，目前无人机的应用正朝着多机协同工作的方向发展，无人机的导航设备要与通信设备一起工作，与其他无人机及各种载体、平台等进行信息交流，实现高质量的相对导航能力，才能进行编队飞行、协调完成各自的工作。另外，有时还需要用无人机导航系统为其他无人机或载体提供导航服务，同样需要无人，机通信数据链的配合工作。因此，无人机导航系统与其通信系统的紧密结合是必不可少的，是接收地面导航指令，完成各种导航任务，提供导航服务的实现基础。从性能上来讲，首先，对导航设备的定位精度要求越来越高。目前无人机的高精度应用逐渐展开并扩展，在精密农田作业、精确大地航拍、精密地理测绘、密集编队飞行等许多方面，都需要实时的分米级、厘米级定位、只有导航设备能够提供高精度的导航引导参数，无人机才能按照预定的航迹精确飞行，或完成精密测量任务。所以具有高精度定位性能，永远是对导航设备及系统的第一需求。同时，在最基本的位置需求之外，无人机实时的速度、姿态、相对高度、相对位置等信息需求，也开始逐渐引起人们的重视与关注。其次，还要求导航系统的信息更新率高、抗干扰能力强以及可靠性高等。导航设备的数据更新率是描述系统动态实时性的一个重要性能指标，尤其对于无人机这样的高机动用户，更新率高才能保证可以实时了解无人机飞行的工作态势，及时掌控调整无人机的状态，保证任务质量与飞行安全。无人机导航设备的抗干扰能力，是无人机处于外在干扰环境下可靠工作的保障基础，能够反映其在复杂电磁环境中正常工作的能力。对于在大型城市复杂环境、军事战场环境工作的无人机导航设备尤其重要。可靠性反映了系统发生故障的概率高低以及处置故障的能力大小，这一点对处于空中工作的无人机更加重要，低的可靠性不仅仅意味着无人机不能高质量地完成任务，更预示出无人机发生坠机、毁坏、爆炸及无法收回等风险的提高。

再次，对于无人机这种机动性强的载体，面对多种复杂场景、恶劣的电磁环境、可能的密集编队协同飞行等，高完好性、高可用性、高连续性的导航需求，是无人机导航应用需要面对的一个新问题。

6.1.4.2 发展趋势

随着导航技术的进步和无人机应用范围的不断扩大，无人机导航呈现出了一些典型的发展趋势，根据目前无人机导航技术的特点及应用状况，无人机导航技术大致有以下几种新的趋势与变化。

（1）高精度。

有限的导航精度始终是制约导航技术在无人机上进一步应用的重要因素，如未加差分或增强的卫星导航系统的定位精度，最好的也只能达到米级，无法用于精密测量、农业耕作、管线监测等方面的应用。由于导航精度还未能满足无人机的基本导航需求，很多导航技术如地磁导航、偏振光导航等，尚无法单独在无人机导航中应用。另外，天文导航作为航空领域发展、应用时间最长的一种导航方式，存在很多优点，但是由于其导航精度受大气环境的影响较大，能保证提供连续、可用的高精度定位信息，直到现在也未能成为无人机的主要导航方式，无人机目前主要应用增强的卫星导航系统，以及新型惯性导航设备来提高导航精度。卫星导航的增强方式有多种，增强的效果及覆盖范围也不同，一般大区域的增强系统（如WAAS）精度的提高不大，为m级，小范围的增强系统（如LAAS、RTK等）则可以达到cm级（动态）至mm级（静态），其代价均是需要建立地面参考站及相应的传输增强信息的通信链路。

惯性导航是无人机两种主流的导航手段之一，随着激光惯导、光纤惯导和微固态惯性仪表等惯导设备，以及微机械惯导系统的研制与应用，惯性导航系统的体积和功耗变得越来越小，成本也越来越低，并且导航的精度越来越高，更加适合于军民导航应用及无人机导航使用。随着惯性导航关键理论、技术的突破以及加工工艺的提高，人们会研发出更多更高精度的惯导装置。

（2）组合化。

无人机的组合导航方式正在向着多样化和复杂化方向发展。目前，用于无人机系统的导航方式已经接近十种，通过采用多种类型的导航传感器，对不同类型的定位数据进行信息融合处理，才可以获取无人机所需的各种有效导航信息，弥补单一导航方式的不足，因此多导航源的组合运用成为无人机导航的发展趋势之一。

在多样化方面，参与组合导航的单一导航方式的类型越来越多，除最常用的卫星导航和惯性导航外，视觉导航、多普勒导航、地磁导航、地形匹配导航、天文导航等也有一定应用，有时还会用到UWB导航、Wi-Fi导航、气压高度计、无线电高度表等导航手段。另外，随着脉冲星导航、重力场导航、冷原子导航和量子导航等导航技术的不断出现、完善、改进和应用发展，未来无人机的组合导航将有更多的导航方式可供选择。

在复杂化方面，除了GPS/INS这一基本组合方式外，GPS、INS还可以联合或单独与前面讲到的多种导航手段进行组合，实现二组合、三组合甚至四组合，比如视觉/INS组合导航GPS/多普勒组合导航、地形匹配/INS组合导航等二组合，惯性/卫星/地形匹配组合导航、惯性/卫星/视觉组合导航等三组合，组合的种类很多。有时，为了精确地获取某一导航参数，往往需要多种传感器的信息融合，但在组合方式的选择方面，一般应以应用的具体需求为导向，不是越多越好，重点在于如何对这些不同类型的信息进行融合处理。

（3）小型化。

无人机的载荷量和空间都是有限的，包括导航设备在内的机载设备的质量和体积都不能太大，或者越小越好。自无人机开始装载导航设备以来，人们从来没有停止过去研发，生产更加小型、量轻、低功耗的导航设备。就惯导设备而言，目前人们已经研制出光纤惯导、激光惯导、微固态惯性仪表等多种小型、微型的惯导系统。随着现代微机电技术的发展，各大科研机构也在加紧硅微陀螺和硅加速度计的研制工作。这些惯性导航设备具有成本低、功耗低、体积小及质量轻的特点，特别适用于无人机导航系统的应用。未来随着惯导技术的发展，人们会研制出更加精密、更加小型的惯性导航设备。

对于卫星导航设备，目前已经做到了小型化且得到了广泛应用，如基于GPS通用芯片的接收机几乎随处可见，其直径只有几厘米甚至更小。目前包括汽车导航、船舰导航、飞机导航以及人员定位等的导航设备，都已采用了兼容GPS、GLONASS、Galileo、BDS中的至少两种信号的定位芯片，在高可用、低成本的基础上实现了体积与质量的大幅降低，对推动无人机的卫星导航应用创造了基本条件。相信随着无线电技术、集成电路技术的发展，可以期待未来的卫星导航设备会更加小型化。

（4）高可靠。

空中飞行的特点使无人机成为对安全性要求很高的运载体，而导航设备实时提供的位置、速度、姿态等信息，作为无人机飞控系统进行操作的输入条件，对保障无人机的可靠飞行至关重要。可以说，无人机导航的稳定性和可靠性，是无人机安全飞行并完成飞行任务及载荷任务的前提。无人机提高导航可靠性、稳定性的手段，除了对单体的导航设备要求较高的可靠性外，另一种重要的措施就是采用组合导航的方式。

随着无人机应用需求的不断提高，任务复杂度日益提升，环境也越来越恶劣。单一的导航设备已不能满足无人机可靠飞行的需求，常常需要借助多种导航方式或多个导航设备联合进行飞行引导。采用组合导航，利用多种导航传感器采集不同类型的导航数据，通过分析不同来源的数据特性，可以有效增加组合导航的可靠因子，使其不再依赖于某一种或者某几种导航数据，以及当其中的一种或者几种数据出现故障不能提供导航服务时，不会影响到无人机的正常导航性能需求，从而提高了无人机导航的可靠性。

在一些先进的无人机上，甚至还会加装备用导航系统以备不时之需。因此，无人机采用组合导航或备用导航系统，都是为了让无人机获得稳定性更强，可靠性更高的导航信息，使无人机的飞行更加平稳、可靠。

（5）智能化。

近年来，不管是微小型无人机，还是中远程或长航时无人机，都在向多任务系统和复杂任务系统方向发展，无人机的工作任务和工作环境将变得越来越复杂。可以预见，未来无人机的工作任务会随前期任务完成情况。当前环境变化及气象气候情况等随时进行动态调整，这样对导航的应用需求不但要及时调整，导航方式、导航策略也要随之改变，而且无人机的飞行环境也将会变得更加不确定，导航系统往往不能根据预先设定的航行计划飞行，而需要通过智能化设计，根据当时任务情况和当地环境、天气情况等因素，临时调整或重新制定飞行计划，以保证对飞行任务和载荷任务的最大化实现。尤其在遇到外部重大突发事件或内部发生系统故障时，就需要导航系统根据无人机的任务特点及飞行环境，综合运用多传感器技术、自适应技术、神经网络技术和现代控制理论等智能化方法，及时采用与之相适应的导航方式，高效、可靠地完成对无人机的飞行引导。

因此，未来无人机的导航策略设计将面对更多的现实不确定性，导航系统应该具有对环境和事件实时处理的自适应能力，并根据其飞行状态和外部因素实时调整飞行航迹，修改飞行任务，可以想象未来无人机的导航系统将会更加智能化和具有适应性。

6.2　无人机安防技术及应用

6.2.1　无人机安防优势

无人机是一种有动力、可控制、能携带多种任务设备、执行多种任务，并能重复使用的无人驾驶航空器。无人机系统通常由飞行器平台子系统、数据链子系统、地面站子系统、任务负载子系统几大部分组成，其中，飞行器平台子系统搭载任务负载，在飞行控制器的控制下在空中飞行；飞行控制器通过数据链子系统接收来自地面站子系统的指令；地面站子系统与数据链子系统相结合，完成无人机飞行控制指令下达与传输、无线数据接收、飞行参数信息与实时图像信息的处理与显示等功能。

多旋翼无人机是近年来发展较快的一种新型无人机，该机具有体积小、重量轻、能垂直起飞、维护成本低廉、操作简单，噪声小等优点，搭配飞行控制系统以及合适的任务负载可轻松完成空中巡检、道路勘探、应急抢险等任务，比较适合目前人工智能发展的需求。

不同于人防，无人机在实际安防执行过程中主要有以下的几个突出的优势。

（1）居高临下。

无人机可以鸟瞰整个区域的实时情况及人员有关活动，有利于区域安全的有效管控，并可以在出现特殊情况时及时执行指挥命令和正确疏导。同时与载人通用飞机、载人直升机相比，无人机可以飞得更低，更接近目标区域，观察得更加清楚。

（2）长留空。

无人机的留空时间长，且空中飞行一般以直线飞行为主，不用考虑地面交通障碍。目前无人机的飞行燃料以锂聚合物电池为主，具备良好的电能储备，为无人机的长时间飞行提供有效保障。能源科技正不断发展，太阳能、燃油混合、氢燃料等新能源科技的诞生，为无人机的长效续航飞行提供强有力的支撑。

（3）高效率。

无人机因为具有体积小、便捷性高的特点，所以在飞行前的地勤和机务准备时间短，可随时出动，而且出动的场地限制要求很低，这与载人通用飞机、载人直升机，或其他交通工具相比，具有低投入、高效益，且就方便性而言，能在最大程度上契合安防工作的需求。

（4）低风险。

经过长时间的发展，目前无人机技术已经相对成熟。从生产配件的品控、研发的设计到实际使用的飞控调试，都已经趋于完善，为无人机的安全飞行提供有效的技术支撑。在参与安防巡查的过程中，无人机能够在较为恶劣的天气情况下或者是受到有关施工环境限制下执行一些带有一定危险性的巡查任务等。据安防工作的经验表明，无人机在特定复杂环境下的安防巡查，确实具有载人通用飞机、载人直升机，或其他交通工具无可比拟的安全性及便捷性优势。

（5）以少替多。

无人机在安防执法的过程中能够以较少的架数代替较多的地面执法人员完成同样的任务，并且在完成同样任务的情况下，能在最大程度上避开因人自身视野或外在条件限制对安防事项的不利影响，有助于节省人力和降低劳务成本的基础上，保证安防工作的准确实施。

（6）机动灵活。

在安防执法中无人机既能够飞行在范围区域内各个交通路段和城市立交桥之上，又能穿行在高楼大厦之间，甚至可以在无人机地面站的辅助作用下穿行于各个正在进行施工的建筑工地现场进行安全排查和施工记录，运用其自身特点表现出特有的灵活性和机动性。

（7）治安防范。

无人机在参与安防巡查时，既能对有关的突发性事件如交通肇事逃逸车辆紧追不舍进行取证，又能对肇事逃逸者实时发出相应的警告，然后择机应对，必要时甚至可以采用施放催泪瓦斯，及时在空中设置针对性的交通阻碍等手段将有关的突发情况在第一时间内控制住。

（8）数据可查。

面对大区域的安防执法工作，每天所要面对的各种各样的复杂情况更是数不胜数，而安防工作讲究就有关数据要进行存档并做数据分析便于安全隐患的排查预防。无人机在安防巡查的过程中，通常使用超视距飞行，飞行端始终与地面站计算机端相连接。无人飞行器在整个巡查飞行过程中的所有视频画面，将实时传输到地面计算机端并储存，可通过软件平台做数据统计分析，这样对于后期安全隐患排查及园区有关规划提供了很大的便捷。在储存记录能力及后期数据分析方面，是使用人防绝对达不到的效果。

6.2.2　无人机立体安防

无人机立体安防，指利用无人机等现代设备技术，通过远程监控，云端技术等现代软件技术，打破地理限制，形成空中、地面和水中全方位无死角的安防技术。由于科技条件的限制，传统安防业务的覆盖范围比较局限于人力所能触及区域。在水城、山林等面积大、进入难、情况复杂的地形中，安防效率会大大降低。在恶劣的气候中，安防能力也会极大地被削弱。为了补足这些缺陷，不少安保企业开始引入安保无人机，来克服传统人力防范在运作范围.运作时间和运作效率上的缺陷，力图打造全方位、全时段的立体安防体系。

无论是形形色色的无人机，还是功能多样的机器人，其作业基础都是联通一切、整合一切、控制一切的云端智能安保平台。在这一平台上，安保管理人员参考平台实时反馈，并通过大数据技术整合过的相关信息，对安保体系做出具体决策，平台系统功能犹如大脑。而在“大脑”的指挥下，无数的无人机犹如无数只手脚和无数只耳目，在全空间、全天候、全时段与保安人员协作，执行具体的安保任务。最后再将执行任务的情况实时反馈给决策者，完成信息、决策、处理的三步循环。在互联网云端技术和大数据技术的不断进步下，智能安保体系的运作过程将越来越像生物一般，迅速、协调、自然。而在无人机等硬件技术的不断普及下，智能安保体系的工作范围将越来越精细、立体、多样。

6.2.3 新型无人机安防

6.2.3.1 无人机+智慧软件平台

智慧园区安防管理工作一直是政府部门工作的重点，也是所有工作的底线和红线。传统的安防手段主要是人防（人员巡逻）和技防（摄像头监控），人员巡逻劳动强度大，摄像头有盲区无法全面监控。将无人机巡防此类新型技防手段引入智慧园区安全管理可以弥补传统人员巡逻和视频监控的不足，实现空地一体的数据安防结合，有效提升园区安全管理水平。采用无人机结合GIS智慧软件管理平台，增强园区安全保障信息化服务水平，打造“平安智慧园区”新模式。

智慧园区可视化信息管理平台能实现多种功能，达到全方位高效率的管理：能实现飞行航线、拍摄范围与拍摄视频的同步展示；能实现在地图任意可疑位置进行标注并创建派遣工单；具有已存储的视频的不同数据对比、历史数据查询及大数据分析等功能。

6.2.3.2 无人机园区飞行作业

目前，在一些园区一般都采用巡逻人员定时定点的巡视检查。传统的巡更，由于部分巡逻人员会缺乏责任感，不按照指定时间地点进行巡逻，管理中心又缺少相应的巡更数据，以致无法对巡更工作进行有效的监督，且工作量大，人员成本高，效率低。无人机在园区低空巡查方面有着得天独厚的优势，相较于传统巡查方式，无论是在便捷性还是节约成本方面都有很大程度的提升。具体优势如下。

（1）通过高空飞行拍摄实时画面，可以弥补园区巡查人员人工视角的狭隘，能够及时、精准地抓拍到一些建筑物或其他植被所存在的安全隐患，通过这种高空立体的巡查方式，可以让园区的整体情况一览无遗，省时、省力且高效。

（2）利用无人机低空大视角优势，可以对园区内某些无法进入且造成一定污染的建筑工地进行航拍取证，如对渣土车的抛洒滴漏、建筑垃圾的随意倾倒进行监管。在园区内根据渣土车的路线跟踪拍摄，及时反馈。

（3）园区管理工作繁杂，人力物力紧缺，部分人存在侥幸心理，认为百密总有一疏。通过无人机全方位、无死角、无局限性地拍摄，定能对违规行为形成高压态势，有利于源头治理，让园区管理工作变得更加快捷高效。

随着时代的发展，人们的生活水平以及精神层面需求的不断提高，对于自身的所处环境的要求也越来越高，智慧园区与智慧安防的概念随即产生。无人机切合实际发展的需求，对智慧园区的建设与巡检发挥了重要作用，其轻巧便捷的特点在园区巡查作业中发挥重要作用，拍摄效果更为立体、清晰。

作为智慧园区的重要组成部分，光有巡视监控录像远远不够，作为智慧的体现，现代无人机可以结合有关的载荷及后期的数据平台处理功能，超前进行园区建设预规划。

6.3 无人机通信技术及应用

6.3.1 无人机通信技术

以下各节均提供了一张示意图，表示各子系统设计流程。流程图中每一步都有详细解释，每步中的数字对应解释条目的编号。

6.3.1.1 通信子系统

通信子系统的设计流程如下：

1）确定任务约束条件。

（1）允许使用的频率。除非使用批准的电台，否则无人机就要使用未认证的工业、科学与医疗（ISM）波段。无人机最常使用的波段为902~928 MHz、2 400~2 483.5 MHz、5 725~5 850 MHz。这些波段可提供一个到多个20 MHz的频道波段，符合要求的电台有很多。传输功率受联邦通信委员会（FCC）的规定限制，要选择适当的电台和天线增益，以符合规定。特别指出902~928 MHz波段常用于自动驾驶数据链。

（2）作用距离。该距离用于确定通信链路的分配数额。

（3）飞行中的无人机数量将决定是否可建立多跳网络，以及地面站的可用总带宽。

（4）在同一区域作业的其他设备，若使用相同频率传播信号，则会引起噪声，并限制通信系统的作用范围。

（5）对地面站操作员的态势感知要求，决定了系统的带宽要求。关键问题包括：

①哪些指挥与控制信息是必要的，信息的更新速度有多快?

②要将哪些飞机状态信息（飞机是否正常运行、任务进行到哪一阶段等）报告给地面站?

③可接收的图像大小和压缩比例?图像是最消耗通信带宽的。

如果在任务执行过程中通信链路中断，在中断期间收集的图像对操作员而言可能是无用的。如果采用传输控制协议（TCP）传送图像，则图像送达有保证。在通信链路中断期间，收集的图像仍在传输队列之中，在链路恢复时即可传送。关键的指挥与控制信息，要等到传输队列中不再有图像时才能发送。如果态势感知仅需要当前图像，则采用图像送达用户数据报协议（UDP）发送图像。这样，图像就不会停留在队列里，在链路恢复时，指挥与控制信息的传送就不会延误。

④如果使用多无人机，图像需要如何呈现?为尽量减少总带宽，可向操作员显示缩略图。操作员可以选定一个缩略图，开始接收大图，这样就可以减少系统的总带宽。

2）确定有效载荷对通信系统的制约。

这样的制约来自有效载荷的其他元件。需要考虑的问题包括：

（1）如果使用多架无人机，是需要无人机之间互相通信，还是需要所有无人机都和地面站直接通信?如果无人机互相通信，无人机之间是直接链接，抑或数据可通过地面站的存取点转发?

（2）通信系统的重量分配限额是多少?

（3）通信系统的功率分配限额是多少?

（4）机载计算机可提供哪些输入/输出（I/O）接口?

3）设计通信链路分配限额。

这是用于估计一个通信频道对于某特定系统效果的方法。在比较多种电台、天线和频率波段时，这是一件有用的工具。在天线周围不同位置进行测量，会发现天线的实际增益有所变化。无人机上使用的天线一般为偶极子天线和单极子天线，其增益规律有些像甜甜圈，天线就是甜甜圈的轴。这种天线称为全向天线，因为在垂直于天线的平面内，在远离天线的所有方向上增益均相等。天线的设计会产生其电场的排列，称为极化。无人机上最常用的是线性极化，即电场排列在一个平面上。偶极子的电场则沿天线的长度方向排列。因此，如果无人机的半波偶极子天线是与机身垂直安装的，则地面站的天线也应垂直安装。在飞行过程中，由于飞机的俯仰和滚转动作，天线不会总是能够对准。这种偏移称为极化损耗，定义为 $20\lg\cos\theta$ ，其中 θ 是最大偏移角度。在飞行高度保持不变的飞行中， θ 约等于自动驾驶仪允许的最大滚转角。即使天线没有极化损耗，因为飞机和地面站的高度不同，而且有时会以滚转动作远离地面站，所以还是会有损耗产生。

4）确定能用的电台。

根据链路分配限额方案，可以选择能用的电台。选定之后，可进一步比较链路分配限额，做出最终选择。在选择电台时还需考虑以下问题。

（1）与电台连接的设备中有哪些输入/输出接口？通常的电台接口是mini-PCI和PCI-Express，也有可以连接USB或以太网总线的电台。

（2）电台上有哪些天线接头可用？ SMA这样较小的接头比笨重的N接头要轻很多。

（3）根据对任务区要求的覆盖范围选择天线。小型无人机上不能装定向天线，因为没有足以承载定向设备的质量分配限额。而且天线的定向性越强，体积也就越大。因此，小型无人机用的是全向天线。

另外，如果无人机的任务区远离地面站，使得无人机要保持在天线的3 dB带宽范围内，则地面站可以使用定向天线。

5）有无哪种电台符合通信系统的制约条件？

6）引入重量-功耗-体积因素，做出最终决定。质量和功耗降低，可为其他有效载荷子系统多留一些空间，或延长飞行时间。

7）如果找不到解决方案，就找出可以支持哪些内容，并与客户商讨出新的制约因素。要开发一个强大的系统，往往需要多次反复设计。

8）如果只有一个制约条件不符合，原因是否为在要求的距离上链路裕量不足？

9）接力中继式解决方案或许可行。在接力中继式解决方案中，远距离无人机发送的信息由另一架无人机转发。由于多跳转发信息是先由第一架无人机发出，再由中继无人机发出，故对于所有多跳信息，带宽都要增加1倍。此外，标准的802.11 a/b/g存取点不支持多跳，所以需要建立一个专门网络。

6.3.1.2　单板机载计算机子系统

单板计算机指的是包括存储设备的整个计算系统。设计流程如下。

1）确定任务制约条件。

（1）任务时间。确定单板计算机要运行多长时间，包括起飞前和执行任务过程中。

（2）影响选择单板计算机系统的环境要求：①单板计算机和其他系统的相互连接能否耐冲击和振动？②能否使用普通硬盘，或必须使用固态磁盘（SSD）？③估计湿度和温度是否会影响单板计算机的选择？

2）确定有效载荷对单板计算机系统的约束条件。

（1）处理图像对计算能力有何要求？

（2）控制算法对计算能力有何要求？

（3）处理传感器输出对计算能力有何要求？

（4）与自动驾驶仪、传感器和通信系统相连接时，需要什么样的输入/输出？

（5）为支持软件要求，需要何种操作系统？

（6）单板计算机系统的重量限额是多少？

（7）单板计算机系统的功率限额是多少？

3）进行性能限额分配。

4）找出可能符合性能分配要求的单板计算机解决方案，同时也要考虑存储需求。

5）有没有找到符合要求的单板计算机？

6）找到之后这种单板计算机会不会产生GPS干扰噪声？

7）如果存在多种选择，就根据WPV因素作出最佳选择。重量和功耗降低就能为有效载荷的其他子系统留出更多空间或增大续航时间。

8）如果找不到可行的计算解决方案，就必须和客户商讨新的制约因素。

9）如果找不到机载单板计算机解决方案，地面解决方案是否行得通？

10）能否找到GPS电磁干扰问题的解决方法：

（1）为尽量减轻重量，可以选择没有外壳的单板计算机。但没有了外壳，能控制电磁干扰的法拉第笼就不存在，由此产生的噪声可能干扰GPS。

（2）如果通过SATA总线把固态磁盘直接与单板计算机相连，就会产生严重的GPS噪声。SATA会产生高达2 GHz以上的宽带噪声。如果需要外接磁盘，就选择并行总线，或加装支持E-SATA的单板计算机和固态磁盘外壳，并在两者之间用E-SATA屏蔽电缆相连。

11）地面计算解决方案中要考虑的问题。

（1）速度较快而又无须满足重量要求的计算机，可在地面使用。如进行图像处理，可能需要飞机发来的高分辨率图像。图像越大，需要的通信带宽也就越大，而带宽会随着所用无人机的数量增加而增加。通信系统能否处理这样的带宽？

（2）图像处理全部在地面进行，如果丢失信息任务还能否成功完成？

6.3.1.3　光电传感器子系统

虽然也可能使用其他类型传感器，但光电传感器在小型无人机中占主导地位。光电传感器子系统包括传感器硬件、图像采集方法，以及传感器拍摄所需要的云台机件。注意，这里并未列出惯性测量单元（IMU）。对小型无人机而言，由于重量方面的考虑，无法专门为传感器配备惯性测量单元。飞机的姿态可由自动驾驶仪传给图像处理系统，对图像进行地理配准。光电信感器子系统设计流程如下：

1）确定任务制约条件。

（1）若使用多架无人机，是否通过飞行高度区分而避免相撞？是否需要可变焦摄像头，以便在不同飞行高度能保持对地相同大小的地面覆盖成像面积。

（2）根据目标特征和地面覆盖范围：

①需要运用什么图像处理技术？

②传感器是否需要转动？

③需要什么样的图像质量和大小？

④每秒需要处理多少图像？

（3）环境要求：

①飞机的振动是否会影响图像质量和配准？

②传感器是否符合湿度要求？是否符合耐冲击要求？

2）确定其余有效载荷的制约条件。光电传感器要符合重量、功耗、体积的分配限额，但它也对单板机的计算能力提出了要求。选择图像处理算法时要考虑小型无人机上单板计算机的合理能力。可使用传感器融合技术，对图像处理结果的不准确之处进行修正。

3）列出光电传感器的决策矩阵。

4）确定可用的光电传感器类型。一般使用模拟式和数字式两大类光电传感器。模拟信号一般为NTSC制式、PAL制式，前者多用于美国，后者多用于欧洲。模拟传感器要求有图像采集板，将图像流以JPEG等常用数字格式转换为一幅幅图像。数字信号提供的图像可以直接处理，一般为原始格式。不同光电传感器生产商都有其产品规格，但仅根据产品规格不足以确定色彩质量能否满足项目的图像质量要求。在确定了最佳可选类型后，可购买样品测试评估成像质量是否符合项目要求。

5）模拟传感器会不会产生GPS噪声？虽然数字光电传感器也要检查，但NTSC制式模拟传感器使用的时钟速率在GPS频率上会产生谐波信号。这种噪声在图像采集过程中还会增大。PAL制式模拟传感器使用的频率不同，不会产生这样的噪声。

6）确定模拟和数字之间的路径。

7）许多数字光电传感器不直接连到普通的单板计算机上，而是连到USB或以太网上。因此，必须使用现场可编程门阵列FPCA接口。光电传感器生产商一般能提供测试接口单元，但一般比较笨重，接头也不牢固。也可以选择一些自带以太网或USB接口的完整传感器。

8）PAL制式传感器较NTSC制式传感器，可减轻GPS电磁干扰。若无人机足够大，则也可将模拟传感器和采集板与GPS天线隔离。这可减轻GPS干扰。

9）多数模拟传感器是隔行扫描图像的，即先显示单数行，再显示双数行。由于先采集单数行，后采集双数行时，无人机是运动的，因此可能产生锯齿状边缘。这会影响边缘检测算法的效果。

6.3.1.4 电力子系统

电力系统包括电池和直流—直流（DC-DC）变换器。电力子系统设计流程如下：

1）确定任务制约因素。

执行任务所需的电池容量大小由飞行时间所决定。若无人机起飞之前有效载荷要在地面运行一段时间，则需要增加电池容量。可采用备用电池开关，在地面时可连上外接电池，起飞时拔掉。如果开关设计得当，在断开外接电池时，有效载荷的电压不会降低。

2）有效载荷对电源系统的制约条件。

（1）供电系统的质量限额是多少?

（2）随着子系统设计的演进，是否发现新的电力需求?

3）在完成子系统设计时，确认电力分配限额。

4）镍氢（NiMH）电池和锂聚合物（li-po）电池是无人机最常用的电池类型。虽然锂电池较贵，但因为在同等质量下能量密度较大，所以更适用于无人机。但使用锂电池时要特别小心不要过度充电，且电池放电后单元电压不得低于3 V。

5）直流-直流变换是通过开关式电源实现的。为汽车研发的DC-DCATX设备是不错的选择。这种设备可使用大范围的输入电压，输出的直流电压为3.3 V、5 V、12 V，正是单板计算机、传感器和通信系统的常用电压。

6）若电力解决方案不可行，则要考虑在新的制约条件下重新设计。

7）如果找不到可行的电力解决方案，就必须和客户商讨新的制约因素。

8）关于可行的电力解决方案是否存在判定框。

9）应用选定电力系统，时刻注意能减少质量和体积的机会。

无人机通信链路作为无人机系统的重要和不可或缺的组成部分，在无人机的发展和应用过程中发挥着举足轻重的作用。随着无人机技术的发展和无人机应用范围的扩展，各行各业对无人机的通信性能及环境应用提出了新的更高的需求，这些需求也推动着无人机通信相关技术的发展。目前，无人机通信已呈现出一些有显著需求特征和技术特征的发展趋势，在一定程度上也预示着无人机通信的未来发展方向，并且在创造机遇的同时，也带来了一定的挑战。

6.3.2　无人机通信新技术

随着无人机的应用范围越来越广，各行各业对无人机系统提出了更多的需求，目前的通信技术及设备已无法完全满足不同用户各类新的需求，需要用一些新的通信技术或手段来解决一些原有的或新产生的问题。通过对目前无人机通信技术的了解，我们归纳出了其中的一些新技术，包括远距离通信传输技术、移动自组织网络技术、抗干扰技术、激光通信技术、一站多机技术和信息综合技术等，并对其进行相应的描述、分析与总结。

6.3.2.1　远距离通信传输技术

为了满足无人机远距离飞行的需要及远距离执行任务的需求，一般要求无人机的通信距离要远，同时通信系统对环境的适应能力要强。对于远距离飞行的无人机，通常会把通信的作用距离作为无人机数据链的一个重要技术指标，用它来衡量无人机通信覆盖范围的大小以及工作区域的大小。一般来讲，当无人机处在地面控制站无线电通信的视距范围内时，可以直接通过地面控制站，对无人机发送控制信息和接收无人机传感器发来的遥测信息，但无人机通信的直接作用范围毕竟有限，多数情况下会受到地面控制站视距范围的限制，直接导致通信质量下降甚至无法进行通信。

因此，当我们需要无人机飞到地面控制站视距范围之外的区域执行任务时，通常就需要扩大无人机通信的实际传输半径或作用距离，这时就要借助远距离中继通信技术来满足相应的需求，如图6-1所示。

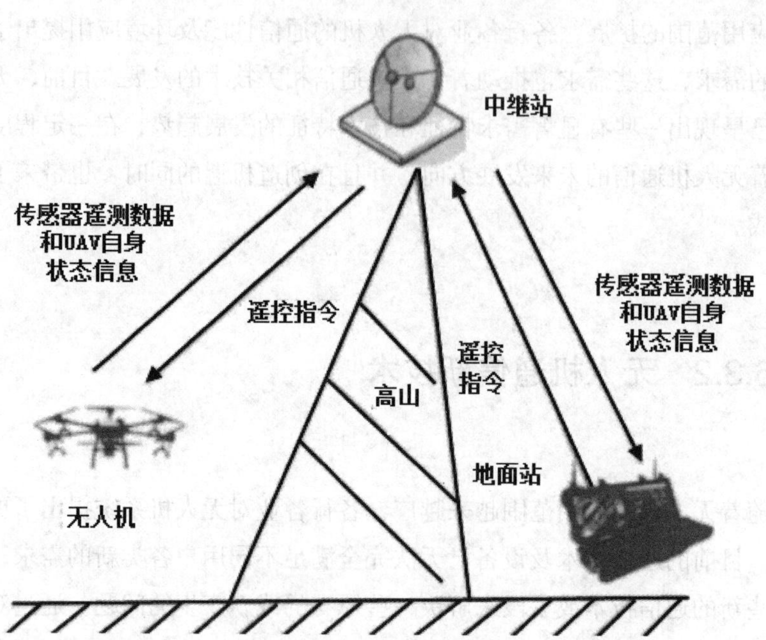

图6-1　远距离（非视距）通信借助中继站顺利完成

通过使用一些中继通信转发设备，如在地面高处或山上布点，用无人机搭载或利用卫星通信等，作为中继节点为远程飞行的无人机进行数据传输，实现目标无人机和地面控制站之间的远距离通信。

根据中继通信转发设备所处的位置，可以将远距离中继传输技术分为地面中继方式、空中中继方式和卫星中继方式等。地面中继方式是将中继转发设备放置在地面高处的固定设施或装备上，通常要求这些设备的距地高度尽量高，以获得尽可能大的视距范围和信号翻越障碍的能力，优点是代价较低、布设简单；缺点是视距范围有限、灵活性差，以及受地理环境、区域属地等的限制，一些地方无法或不能布设。

空中中继方式则是将中继通信设备放置在空中的平台上，或者直接利用航天器作为中继节点，包括有人机、无人机、飞艇、热气球等，因此空中中继通信网络由地面控制站、中继飞行器和目标无人机（群）组成，具有视距范围大、移动灵活、机动性高以及成本低的优点，但其布设需要专门的设备及一定的条件，且悬空时间会受到能源供给方面的限制。而卫星中继通信方式，是利用天上的通信卫星作为中继节点，要求无人机安装一定尺寸的跟踪天线，一般还需采用数字引导方式使天线自动指向卫星。该中继方式相比于空中中继方式，具有覆盖范围更广、信道性能比较稳定、可用频带宽和通信容量大等诸多优点，缺点是通信费用比较昂贵。

6.3.1.2 移动自组织网络技术

随着无人机在各种领域中的广泛推广与深入应用，一种新的更高的无人机需求被提出来，就是利用无人机群在一些复杂的环境场合，联合或协同执行一些单架无人机无法完成的复杂、综合、大型任务，实现多机协同、联合互动的目的，而实现各无人机之间的实时信息互通和信息共享是达到这个目的的基本条件。比如在现代军事信息化战争中，需要无人机完成侦察、监视、多目标攻击、打击效果评估等多重任务，单架无人机由于侦察角度、监视范围、任务执行稳定性等诸多方面的性能差异及限制，一般不能很好地完成这种综合多重任务。这时就要求组织多架性能不同、功能各异的无人机，通过在无人机之间组成移动自组织网络来协同工作，完成战斗任务。而无人机移动自组织网络，就是一个无中心、多跳、动态变化的拓扑结构及自组织的网络，通常采用分布式的控制模式。无人机移动自组网技术，是无人机系统应对多机联合飞行任务，从单飞单控发展到多飞单控，再到多飞多控过程中兴起的新技术，它是移动自组织网络的一种典型应用形式。

为了实现任意两个或多个无人机之间的实时通信，每一个无人机都可以充当网络节点，都同时具有主机和路由器的功能，使各个节点之间可以实现信息的实时共享。并且无人机节点在不进行通知的情况下，进入和离开网络都不会导致网络瘫痪，整个网络会迅速重新规划拓扑结构和节点，提供稳定可靠的通信服务，这样就保证了无人机可以在恶劣复杂的环境场合下通信的可靠性和安全性。目前，国内外在无人机自组织网络技术方面已经有了一些突破性的研究进展，包括建立了无人机自组网络模型，设计了无人机移动通信网络的结构，确定了通信中继节点和通信路由的具体协议，建立了无人机自组织网络的实验平台。相信在不久的将来，无人机自组织网络技术将逐渐成熟并投入使用，能够在复杂的多机联合任务中发挥重要的作用。

6.3.1.3 抗干扰技术

无人机通信作为无线电通信的一种应用，肯定会受到各种各样的外界电磁干扰；并且一般无人机会一直处于运动状态，其通信环境往往复杂、多变，导致接收的信号电平及信噪比变化范围大，信道状态参数估计困难等；另外在无人机上狭小的空间里各种电子设备繁多，机上存在复杂的电磁环境，大大降低了无人机通信接收设备的灵敏度。这些问题，都需要通过无人机数据链路的抗干扰技术来解决，这对于保障无人机通信的安全，可靠，正常运行有着重要的抗干扰技术也对应地分为两个方面，一方面对于自然干扰，应主要解决信道中的噪声、多径干扰等自然因素对无人机通信的干扰；另一方面对于人为干扰，抗干扰技术则侧重于应用无线通信中的电子对抗技术，尤其在军事战场的复杂环境下，要重点解决容易被敌方干扰、窃听、欺骗和攻击等问题。

在现代通信中，抗干扰的技术主要有三类，即频率处理抗干扰、空间处理抗干扰和时间处理抗干扰。频率处理抗干扰技术就是采用频率城处理的办法，如直接序列扩频（DSSS）、跳变频率扩频（FHSS）等，来减小各种干扰对通信信号的影响。空间处理抗干扰技术就是采用空间域处理的办法，如采用自适应天线调零技术等，来抑制对干扰信号的接收。时间处理抗干扰技术就是采用时间域处理的办法，如猝发传输技术等，通过通信的随机性来减少被监测和被干扰的概率。

通信抗干扰技术研究的内容是，在已知或预测敌方（外界）的干扰手段或类型的情况下，在上述技术基础上选取一种或多种适合的技术手段来消除或减轻各种干扰。一般来讲，对各种干扰的类型、性质、强度、手段及所采用的体系了解得越清楚，采取的措施就越有针对性，取得的效果也就越好。但在实际中，对干扰的了解往往十分有限，并且干扰也是多种因素综合的结果，具有随机和多变的特性，尤其是新型的干扰更加难以对付，所以往往需要采取多种方式的综合抗干扰技术才能取得较好的结果。

无线通信的干扰与抗干扰是一个永恒的话题，尤其对于人为干扰，就像矛和盾的关系一样，两方面的技术都在不断升级。这在无人机通信方面体现得更加突出，因为无人机为无人驾驶的飞机，由于缺少了干扰现场人的判断、监管与控制，被干扰的概率就会大大增加，因此无人机的抗干扰通信技术显得尤为重要。

当前无人机的干扰和抗干扰技术发展很快，如美国的一个州立大学在山区峡谷的环境中。通过使天线和接收机的特性匹配，来解决无人机通信中的多径干扰问题；将一些成熟的调制技术和编码技术相结合，解决无人机通信过程中的保密问题；通过提升接收信号的信噪比，提高无人机高速数据链的通信能力，保障了在恶劣环境下无人机通信的可靠性。又如在中东战争中，美国的“先锋”无人机就曾受到某中东国家的电子干扰，从而失去了指挥系统的控制，最后燃料耗尽而坠机；还有伊朗在近些年利用电子手段诱捕了一架美军的RQ-170侦察无人机。这两个实例促使了美国在无人机抗干扰方面采取进一步的措施，如修改路由协议，提高加密性能等，来提高无人机的抗干扰能力，防止被欺骗被诱捕。

6.3.1.4 激光通信技术

随着无人机自身能力的增强，无人机的载荷能力逐渐加大，可以搭载的任务设备也越来越多，飞行距离也越来越远，因此对无人机的通信能力提出了远程、高速、大信息容量的数据传输要求，即无人机的数据带宽要宽，有更多的频谱资源可使用，远距离通信速事要高，传输的容量要大等。但在无线电频谱越来越紧张的今天，这些要求往往难以满足，所以研究人员开始考虑一种新型的通信方式——激光通信。

6.3.1.5 一站多机技术

随着无人机在工农业及军事领域应用的逐步深入，对多无人机协同完成复杂任务的需求日益增加。尤其在军事方面，伴随着军事任务中战争空间的日益扩大以及现代化战争的超高要求，任务的多样性和复杂性逐步加大，对同时使用多架无人机协同作战的需求越来越多。但在目前，无人机系统多数还是一个地面控制站控制一架飞机的通信模式，新的需求催生了一种一站多机新技术的产生。同时，对地面通信主设备而言，也要求其功能越来越强大，既要实现一站多机的具有通信、处理和控制一体化的功能，还要实现与其他地面控制站的通信联络，并具备开放性和兼容性等特点。

一站多机技术，是指一个无人机测控站的通信数据链，可以同时与多架无人机进行通信，分别完成对多架无人机的任务管理通信和飞行控制管理通信的技术。整个系统将形成一个单地面站对多无人机通信的闭合回路，从而实现一站多机的功能。也可以将移动通信中的多输入多输出（MI-MO）技术与无人机组网技术相结合，通过在地面基站的多个天线，使一站多机模式中的地面基站与每个无人机的通信容量都得到提高。或者，还可以通过引进码分多址（CDMA）技术，实现一站多机通信功能，从应用的角度看也是很不错的一种选择。

6.3.1.6 信道综合技术

随着无人机载荷能力越来越强，飞行距离越来越远，要求无人机每次飞行执行的任务也越来越多。无人机在空中执行各种载荷任务时，机上要搭载各种机载设备及任务设备，种类及数量日益繁多，并且都需要在无人机机载平台的狭小空间内安装，这就要求无人机的通信设备要具有小型化、质量轻的特点。另外，为保证把每一个任务设备获取的信息都能够及时地传输到地面站，又需要具备高的信息传输率、数据带宽以及更好的通信性能，而日益拥挤的频谱资源限制了这方面的需求。而目前新提出的信道综合技术，提供了解决这两个问题的一种方案。信道综合技术，就是把无人机与地面控制站间传输不同信息的信道进行整合，达到资源共享、设备简化、频谱节省的目的。

6.4 无人机图像处理技术及应用

图像是对客观对象的一种相似性的描述或写真，它包含了被描述或写真对象的信息，是人们最主要的信息源。无人机图像属于可见图像，是指通过无人机平台上的各种传感器获取的地物景物的光反射。按照获取图像的传感器分类，无人机图像可分为航空像片、红外图像、电视图像、SAR图像、多光谱图像；按照图像空间坐标和亮度的连续性可分为模拟图像和数字图像。模拟图像是指空间坐标和亮度都是连续变化的图像，早期无人机胶片式航空相机获取的图像就是模拟图像。数字图像是一种空间坐标和灰度均不连续的、用离散数字表示的图像。目前，由于无人机图像处理设备均以数字处理设备为主，所以对于模拟图像，需要对其进行数字化处理而后进行图像分析与判读使用。将模拟图像转换为数字图像的过程称为模/数转换（A/D转换），反之，将数字图像转换为模拟图像称为数/模转换（D/A转换）。

6.4.1 无人机图像处理概述

通俗意义上来说，图像处理是指对图像进行一系列的操作，以达到预期目的的技术。图像处理可分为光学图像处理和数字图像处理。随着计算机技术的迅猛发展，目前图像处理主要采用数字图像处理方式。数字图像处理就是利用数字计算机或其他高速、大规模集成数字硬件，对从图像信息转换来的数字电信号进行某些数字运算或处理，以期提高图像的质量或达到人们所要求的某些预期的结果。

无人机图像处理属于数字图像处理的分支，也属于遥感图像处理的分支，是指为了满足特定的任务要求，运用通用的或者特定的处理系统，对无人机图像中的像素进行系列操作，最终实现信息处理与信息提取的目的。

无人机图像处理既包含定性处理，又包含定量处理，主要处理内容分为以下6个方面。

（1）无人机图像增强。无人机图像增强是指对整幅无人机图像进行增强或突出图像中某个特定目标、地物的信息，从而使图像或目标更容易理解、分析和判读。图像增强主要包括图像平滑、灰度增强、边缘增强和伪彩色增强等。

（2）无人机图像拼接。无人机图像拼接是指将多幅具有一定重叠的无人机图像合成一幅完整图像的过程，图像拼接克服了传感器收容面积有限的缺点，有利于整体判读分析使用。图像拼接涉及特征提取、图像匹配、几何纠正等图像处理技术。

（3）无人机图像融合。无人机图像融合是指将两个或两个以上的传感器在同一时间或不同时间获取的关于某个特定场景的图像加以综合，生成新的有关该场景解释的信息处理过程。由于无人机多任务载荷的特点，图像融合可提高整个无人机图像获取系统的有效性和信息使用效益。

（4）无人机图像判读。无人机图像判读是指根据地面目标的成像规律和特征，运用人的实践经验与知识，根据应用目的与要求，解释图像所具有的意义，从图像获取所需信息的过程。无人机图像判读属于无人机图像定性处理，是对图像或目标从感性到理性的认识过程，是无人机信息处理与信息提取必不可少的环节。

（5）无人机图像正射纠正。无人机图像正射纠正是指通过改正地形起伏和传感器误差而引起的像点位移而生成一幅新的影像的过程。通过纠正生成的正射影像具有直观真实、信息丰富、精度高等优点，通过纠正后的影像可直接进行目标坐标获取、面积计算等作业，属于定量化处理。

（6）无人机图像目标定位。无人机图像目标定位是指通过建立像点和地面点之间的几何关系，实现从图像中读取地面指定目标坐标的过程。目标定位是无人机图像定量化处理的主要内容，是无人机图像处理与通常图像处理的重要区别所在，也是无人机信息提取的重要主题。按照图像获取传感器的不同，可分为航空像片目标定位、视频图像目标定位和机载SAR图像目标定位。

6.4.2　无人机图像的获取和描述

根据无人机获取图像的传感器的基本构造和成像原理不同，可将无人机图像的获取分为摄影成像、扫描成像和雷达成像三类。

6.4.2.1　图像的矩阵表示

无人机数字图像是一个整数阵列，设图像数据为 M 行 N 列，则在数学上可将它描述成一个矩阵$\boldsymbol{F}$。数字图像中的每一个像素就是矩阵中相应的元素，用矩阵来表达数字图像主要是便于应用矩阵理论对图像进行处理分析。

图像矩阵形式为

$$\boldsymbol{F}=\begin{bmatrix} f_{11} & f_{12} & \cdots & f_{1N} \\ f_{21} & f_{22} & \cdots & f_{2N} \\ \vdots & \vdots & & \vdots \\ f_{M1} & f_{M2} & \cdots & f_{MN} \end{bmatrix} \tag{6-1}$$

数据满足有界非负的约束条件，即$0 \le f_{ij} \le 2^n$。对于彩色图像或多光谱图像，则有K个波段，这样就要有K个如式（6-1）的矩阵。

二值图像是指每个像素的取值为0或1的图像（见图6-2）。二值图像中没有颜色的概念，数值仅包括0和1。在无人机图像处理中，二值图像是逻辑运算后的结果，0用来表示背景（假），1用来表示前景目标（真）。在处理问题时，往往习惯用白色表示背景，用黑色表示前景。

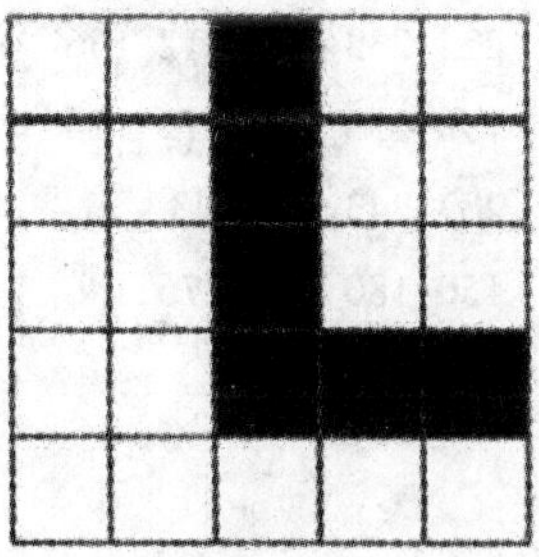

$$\begin{bmatrix} 0 & 0 & 1 & 0 & 0 \\ 0 & 0 & 1 & 0 & 0 \\ 0 & 0 & 1 & 0 & 0 \\ 0 & 0 & 1 & 1 & 1 \\ 0 & 0 & 0 & 0 & 0 \end{bmatrix}$$

图6-2　二值图像的矩阵表示

灰度图像是指每个像素由一个量化的灰度级来描述的图像（见图6-3）。对于8位量化而言，灰度值0为黑色，255为白色。

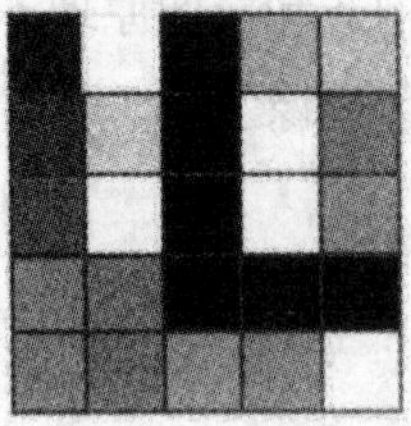

$$\begin{bmatrix} 113 & 231 & 25 & 197 & 210 \\ 142 & 220 & 38 & 250 & 169 \\ 156 & 254 & 27 & 255 & 180 \\ 180 & 175 & 52 & 43 & 32 \\ 177 & 169 & 182 & 175 & 251 \end{bmatrix}$$

图6-3　灰度图像的矩阵表示

彩色图像是指每个像素由红（R）、绿（G）、蓝（B）三原色构成的图像，而R，G，B三分量各自由不同的灰度级分别描述（见图6-4）。

$$\begin{bmatrix} 209 & 173 & 25 & 100 & 148 \\ 218 & 225 & 38 & 192 & 122 \\ 170 & 235 & 27 & 142 & 86 \\ 192 & 238 & 52 & 43 & 32 \\ 125 & 148 & 151 & 165 & 201 \end{bmatrix}$$

（a）

$$\begin{bmatrix} 206 & 191 & 25 & 140 & 168 \\ 224 & 233 & 38 & 212 & 156 \\ 198 & 238 & 27 & 175 & 120 \\ 207 & 243 & 52 & 43 & 32 \\ 150 & 180 & 169 & 176 & 196 \end{bmatrix}$$

（b）

$$\begin{bmatrix} 207 & 190 & 25 & 137 & 162 \\ 209 & 219 & 38 & 205 & 160 \\ 176 & 238 & 27 & 164 & 132 \\ 218 & 248 & 52 & 43 & 32 \\ 161 & 203 & 173 & 169 & 190 \end{bmatrix}$$

（c）

图6-4　彩色图像的矩阵表示

（a）R 分量；（b）G 分量；（c）B 分量

在大多数图像处理和分析中，用矩阵来表达图像是很方便的。例如，读人图像时就相当于将图像矩阵映射到计算机某一块内存块之中。但是，在有些分析中，用矩阵表示不方便，此时，需使用图像的向量表示方式。例如，对于数字图像的能量等特征，用图像的向量表示会比矩阵表示更方便。

6.4.2.2　图像的向量表示

按行的联序排列像素，使图像下一行第一个像素紧接上一行最后一个像素，图像可以表示成$1 \times MN$的列向量$\boldsymbol{F}$，即

$$\boldsymbol{F} = [\boldsymbol{f}_1 \ \ \boldsymbol{f}_2 \ \ \cdots \ \ \boldsymbol{f}_N] \tag{6-2}$$

式中

$$\boldsymbol{f}_i = [f_{1i} \ \ f_{2i} \ \ \cdots \ \ f_{Mi}]^{\mathrm{T}}，i = 1,2,\cdots,N \tag{6-3}$$

向量表示的优点在于可以直接利用向量分析的有关理论和方法。向量既可以按列也可以按行来构造、选定一种顺序后，只要后面的数字排列与之保持一致即可。

6.4.2.3 无人机图像的统计性表示

无人机图像的表示除了采用上述的确定性方法以外，还可以采用统计性方法。一般来说，无人机图像中某一灰度级内像素出现的频率是服从高斯分布的，即密度函数是正态的，故在图像处理中，经常将图像的灰度级看作是随机变量；同时，又可以将图像作为一个随机向量 X，这样就又可以统计学方法对图像进行统计描述。

在将灰度级看作是随机变量的情况下，虽然图像的概率分布难以用某一分析式来表达，但通过分析灰度级直方图、灰度级内的像素频数总是可以找出来的，并通过直方图来实现图像的处理与分析。将图像作为随机变换的情况下，则可以用像素的统计特征参数来表示，并进而实现图像的处理与分析。

均值是指图像所有像素值的算术平均值，反映的是图像中地物的平均反射强度，大小由图像中主体地物的光谱信息决定。计算公式为

$$f=\frac{\sum_{j=0}^{M-1}\sum_{i=0}^{N-1}f(i,j)}{MN} \tag{6-4}$$

式中，$f(i,j)$为图像灰度函数；M 为图像行数；N 为图像列数。

（2）中值。中值是指图像所有灰度级中处于中间的值，当灰度级数为偶数时，取中间两灰度值的平均值。由于一般无人机图像的灰度级都是连续变化的，因而大多数情况下，中值可通过最大灰度值和最小灰度值来获得。计算公式为

$$f_{med}(i,j)=\frac{f_{\max}(i,j)+f_{\min}(i,j)}{2} \tag{6-5}$$

式中，$f_{\max}(i,j)$为图像中最大灰度值；$f_{\min}(i,j)$为图像中最小灰度值。

（3）方差。方差是指图像中像素值与平均值差异的二次方和，表示像素值的离散程度。方差是衡量图像信息量大小的重要度量。计算公式为

$$\sigma^2=\frac{\sum_{j=0}^{M-1}\sum_{i=0}^{N-1}\left[f(i,j)-f\right]^2}{MN} \tag{6-6}$$

（4）反差。反差反映图像的显示效果和可分辨性，又称对比度，是描述图像中像素最大值和最小值之间的差异统计特征。反差可用像素值的最大值和最小值之比，最大值和最小值之差来表示。反差小，地物之间的可分辨性小。因此，无人机图像处理中的一个基本处理是以提高图像反差为图像的增强处理。计算公式为

$$\Delta D=f_{\max}/f_{\min} \tag{6-7}$$

$$\Delta D=f_{\max}-f_{\min} \tag{6-8}$$

（5）协方差、相关系数。在无人机图像处理中，除了针对单幅、单波段图像处理，还有多源图像、多波段图像处理，如多源图像融合等，因此，在处理中不仅要考虑单个波段图像的统计特征，有时也要考虑图像间。波段间存在的关联、多源图像、多波段图像之间的统计特征不仅是图像分析的重要参数，而且也是图像匹配、拼接、融合等处理的主要依据。

如果多源图像或各个波段的空间位置可以相互比较。那么，可以计算它们之间的统计特征。协方差和相关系数是两个基本的统计量，其值越高。表明两幅图像或两个波段图像之间的相关性越强。

设 $f(i,j)$ 和 $g(i,j)$ 是大小均为 M 行 N 列的两幅图像。

两幅图像之间的协方差为

$$C_{fR}=C_{Rf}=\frac{\sum_{j=0}^{M-1}\sum_{i=0}^{N-1}\left[f(i,j)-f\right]\left[g(i,j)-g\right]}{MN} \tag{6-9}$$

式中，f 和 g 分别为图像 $f(i,j)$ 和 $g(i,j)$ 的均值。

相关系数是描述多源图像或多波段图像间相关程度的统计量，反映两幅图像所包含信息的重叠程度。计算公式为

$$\rho_{fg}=\rho_{gf}=\frac{C_{fg}}{\sqrt{\sum_{j=0}^{M-1}\sum_{i=0}^{N-1}\left(f\left(i,j\right)-f\right)^{2}\sum_{j=0}^{M-1}\sum_{i=0}^{N-1}\left(g\left(i,j\right)-g\right)^{2}}} \tag{6-10}$$

（6）直方图。直方图反映一幅图像中各灰度级与各灰度级像素出现的频率之间的关系。以灰度级为横坐标，灰度级出现的频率或频次为纵坐标，绘制的统计图即为灰度直方图。频率的计算公式为

$$H\left(i\right)=\frac{n_i}{n} \tag{6-11}$$

式中，n_i 是图像中灰度为i的像素数，n为图像的总像素数。

图像灰度直方图是图像的重要统计特征之一反映了图像灰度分布的情况。若将直方图中各个灰度级的像素数连成一条线，纵坐标的比例值即为某灰度级出现的频率密度，该线可近似看成连续用数的概率分布曲线。

图6–5（a）所示为9 × 9的数字图像，灰度最大值为16，最小值为0，取灰度间隔为1。图6–5（b）所示为生成的灰度直方图。

直方图仅仅能够反映的是图像灰度分布情况，是图像灰度级的统计分布，而不能反映图像像素的位置信息。一幅特定的图像对应唯一的灰度直方图，但是不同的图像可以有相同的直方图。图6–6给出了三幅不同图像具有相同的直方图的例子。一幅图像被分成多个不相连的区域，多个区域的直方图之和即为原图像的直方图。

0	15	7	9	15	13	12	15	14
14	1	13	5	14	11	2	3	3
13	11	2	13	10	5	8	4	5
15	10	3	3	4	14	6	4	6
7	8	5	4	4	13	12	7	10
14	4	6	3	9	7	1	8	12
13	11	6	5	14	10	2	5	9
14	5	7	6	4	11	3	4	8
15	12	2	8	9	12	6	6	7

（a）

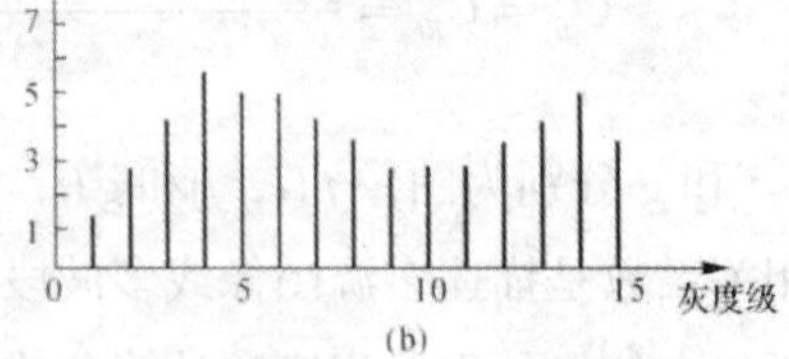

（b）

图6–5　图像及对应的灰度直方图

（a）数字图像；（b）灰度直方图

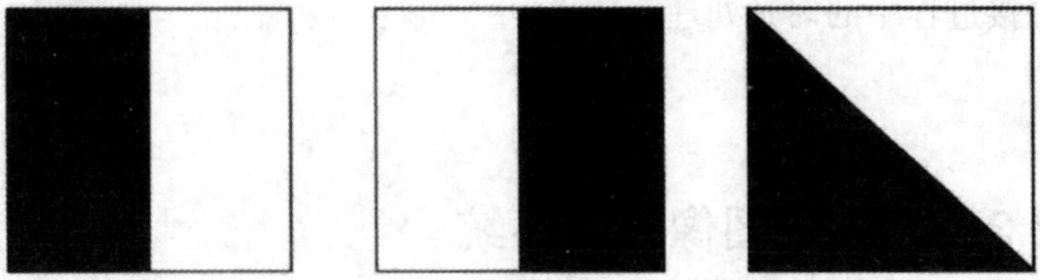

图6-6　不同图像对应相同的直方图

图像直方图反映的是图像灰度分布的统计特性，依据直方图可粗略推断图像的反差。若图像的直方图形态接近正态分布，这样的图像反差适中；若图像的直方图峰值位置偏向灰度值大的一侧，图像偏亮；若图像的直方图峰值位置偏向灰度值小的一侧，图像偏暗；峰值变化过陡、过窄，则说明图像的灰度值过于集中，反差小。通过直方图可对图像反差进行判断，并进而采用图像增强方法进行反差调整，也可以通过直接调整图像直方图的方法实现反差增强，如直方图修正。

阈值分割是图像分割的主要方法之一，特别是二值图像分割中，可以采用基于直方图分析的方法确定阈值。在背景目标相对简单的图像中，目标和背景在图像直方图中会形成两个峰，如图6-7所示，两个峰中间产生了一个谷，在这样图像的二值分割过程中，可选择谷对应的灰度值作为阈值进行二值化。

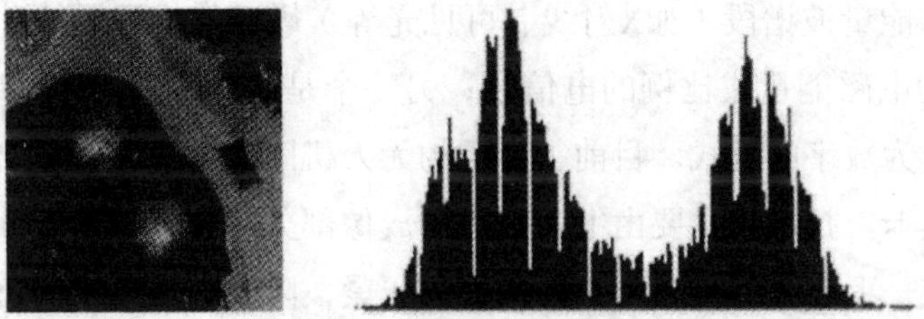

图6-7　基于直方图的二值化阈值确定

在无人机图像拼接处理中，匀光问题是讨论比较多的一个问题，对于拼接的重叠区图像，可生成两幅局部图像直方图，进而通过直方图匹配实现两幅图像拼接过程中的匀光处理。

6.4.3 无人机图像处理系统

无人机图像处理的对象是图像，处理采用的设备主要是计算机等设备，处理产品是图像或信息，处理核心组成部分是方法或算法，因此，一套完整的无人机图像处理系统主要由硬件和软件组成。

6.4.3.1 硬件

一个无人机图像处理系统硬件组成包括计算机、图像采集、输入输出、存储、共享与转发5个部分。

（1）计算机。早期受计算机处理速度影响，对用于图像处理的计算机具有较高的要求，往往采用配置较高的大型计算机、小型机、图形工作站等；近年来，随着计算机技术的迅猛发展，往往采用图形工作站、便携笔记本、个人PC等，足以满足无人机图像处理需求，且系统成本低、设备紧凑、灵活、实用。

（2）图像采集设备。任何图像采集设备都是由两个部件组成的：一个是对某个电磁能量波谱段（如X射线、可见光等）敏感的物理器件，它能产生与所受到的电磁能量成比例的电信号；另一个是模/数转换部件，它能够将电信号转换为数字的形式。目前，常用的无人机图像采集设备主要是扫描仪和图像采集卡。扫描仪主要由上盖、光学成像部分、光电转换部分、机械传动部分组成。上盖主要是将要扫描的对象压紧，防止扫描光线泄露。与普通上盖不同，用于扫描胶片的上盖称为TMA，它与扫描仪其他部分配合可完成透扫，在早期的无人机胶片相机图像处理中常常使用。图像采集卡，又称图像卡，是一种可以获取数字化视频图像信息，并将其存储和播放出来的硬件设备。大多数图像采集卡能在捕捉视频信息的同时获得伴音，使音频部分和视频部分在数字化时同步保存、同步播放。图像采集卡主要用于无人机视频图像的采集，既可以对模拟视频图像进行采集生成数字视频，也可以对视频图像进行采集生成单帧图像（单幅图像），进而用于无人机图像处理与分析使用。

（3）输入输出设备。图像处理过程与产品输出均需要借助显示、输入和输出设备来实现，所以显示、输入和输出设备是无人机图像处理系统的重要组成部分之一。常用的图像输入/输出设备主要有显示器、投影仪、打印机、立体眼镜等。显示器，也称监视器，是一种将一定的电子文件通过特定的传输设备显示到屏幕上再反射到人眼的显示工具。投影仪，又称投影机，是一种可以将图像或视频投射到幕布上的设备，可以通过不同的接口与计算机、VCD、DVD、BD、游戏机、DV等相连接播放相应的视频信号。打印机主要分为热敏，喷墨和激光打印机三类，随着电子技术的发展，打印输出的精度越来越高。目前，常常用打印机输出符合分辨率要求的原始图像和产品图像，如正射影像等。立体眼镜是配合立体显示器完成立体图像显示与立体观察的输出设备，是无人机图像处理系统中常用的设备之一。

（4）存储设备。无人机图像的数据往往很大，需要大容量存储器。在图像处理与分析过程中，大容量和快速的图像存储器是必不可少的。比较通用的在线存储器是磁盘、光盘和光盘塔。常用的磁盘已可存储几百吉字节到几太字节的数据；光盘可存吉字节的数据；一个光盘塔可放几十到几百个光盘，使用时可用机械装置插入或从光盘驱动器中抽取光盘。除了与计算机相关的常用存储设备以外，还有磁带。磁带具有存储信息成本低、容量大、标准化程度高的优点。目前，主要使用磁带来存储无人机视频图像。

（5）数据共享与转发设备。无人机原始图像数据和产品数据往往是需要共享和转发的，共享和转发主要采用通信手段来实现，用于图像和数据共享转发的方式主要有综合业务网、计算机局域网、广域网以及微波通信等。

6.4.3.2　软件

无人机图像处理软件是系统的核心，各种图像处理算法均需要通过软件来实现，并最终完成特定的处理功能。按照处理图像的级别无人机图像处理软件可分为通用软件和专业软件两类。其中，通用软件是指软件本身并非专门为无人机图像处理设计开发，但其能够实现一些简单的无人机图像处理功能。Adobe Photoshop、Adobe Photoshop，简称PS，是由Adobe Systems开发和发行的图像处理软件，主要处理以像素所构成的数字图像，已发行多个版本，目前最新版本为Adobe Photoshop CC 2015。会声会影是一款功能强大的视频编辑软件，具有图像抓取和编修功能，可以抓取、转换MV、DV、V8、TV和实时记录抓取画面文件，并提供有超过100多种的编辑功能与效果，可导出多种常见的视频格式，甚至可以直接制作成DVD和VCD光盘。会声会影可完成捕获、剪接、转场、特效、覆叠、字幕、配乐、刻录等功能，具有功能丰富、操作简单、处理速度快等优点。可以使用会声会影完成对无人机视频图像的处理。

专业软件有如下几种类型。

（1）VirtuoZo。VirtuoZo是适普软件有限公司与武汉大学遥感学院共同研制的全数字摄影测量系统，属世界同类产品的五大名牌之一。虽然VirtuoZo本质上并不是针对无人机开发的图像处理系统，但因其可以出色的完成无人机航空像片数字定位等功能，故可以将其归为专业的无人机图像处理软件。

（2）UAVImagePro。UAVImagePro 是由陆军军官学院无人机信息处理实验室开发的无人机专业图像处理系统，包括图像数据管理模块、图像处理模型、航空像片全数字定位模块、航空像片自动拼接模块、电视图像快速定位模块、SAR图像定位模块、多源图像融合模块、数据处理与误差分析模块、正射图像提取模块、立体图像提取模块、图像判读模块11个部分，可完成无人机图像快速数字化、图像增强、图像拼接、图像立体判读、目标定位、图像融合等功能，处理对象涵盖了无人机航空像片、电视图像、红外图像以及SAR图像，具有针对性强、处理精度高、速度快、方便信息共享等优点。该系统已在多个无人机应用单位和教学单位应用。

6.4.4 无人机图像拼接

随着无人机成像传感器技术的迅猛发展，通过无人机获取的图像类型也日趋多样化，图像的分辨率越来越高，图像的数据量越来越大，如何更有效地使用图像并克服成像传感器本身存在的弊端就显得尤为重要，无人机图像拼接正是在这样的背景下产生并发展起来的，而且在无人机图像处理领域得到了广泛应用。

虽然当前图像传感器的分辨率可以做到很高，但是有一个不可回避的问题，就是无法同时实现高图像分辨率和大收容面积。在民用摄影中，为了获得大的收容面积，可以采用广角镜头的方法，但是广角镜头会带来图像的严重畸变，且分辨率有限，因此，这种方法不适于用无人机图像获取和应用之中，能够解决该问题的最好方法就是图像拼接。图像拼接就是将一组具有重叠度的图像经过计算机自动配准、几何校正、图像匀光等处理、拼接合成一幅无缝的、高清晰的大视场图像的过程。

从目前无人机图像使用角度来说，图像拼接的对象主要有两种：一种是数字航空相机拍摄的航空像片；另一种是视频序列图像（包括可见光视频图像和红外视频图像）。图像拼接的流程如图6-8所示。

数字航空像片
视频图像序列 } → 图像预处理 → 图像配准 → 图像融合

图6-8　无人机图像拼接流程

（1）拼接图像及数据输入。

对于数字航空像片而言，可直接输入具有重叠的待拼接多幅航空像片，在输入像片同时也需要输入像片获取相关辅助数据，如像片获取时的飞行姿态、飞机位置参数、飞行高度等，这些数据可以参加到拼接计算过程之中。对于可见光视频图像和红外视频图像，需要使用数字化设备对其进行数字化处理，生成视频图像序列，在可能条件下，生成序列对应的辅助数据（同数字航空像片）。需要说明的是，输入的多幅待拼接图像需要具有一定的重叠度，以便于后期的配准与图像合成使用。

（2）图像预处理。

图像预处理主要是为了提高后期图像配准和图像合成质量而做的预备工

作。图像噪声往往会影响后期图片拼接处理的质量，因此在正式拼按解算之前，需要对待拼接的多幅图像分别进行图像平滑，以提高图像质量。此外，由于无人机在获取图像时光学系统、天气、光照等内在和外在因素的影响、曝光过度、曝光不足、图像灰度分布不均等现象是不可难免的，因此需要对各自图像进行灰度调整，减小因图像质量不佳而进行图像拼接所造成的误匹配。

在图像配准常用的方法中，对图像之间的几何变形往往比较敏感，大的几何变形会造成严重的误匹配。为了提高图像配准的精度，在图像预处理环节可依据图像辅助数据对图像进行简单的旋转和缩放运算。几何纠正方法同本章拼接图像合成中的纠正。

与普通的数码相机等设备获取的图像排接不同，无人机图像拼接在预处理环节可以粗略确定图像间的相关位置关系，找到图像间大致重合的区域。这主要是因为无人机在获取图像时有相应的辅助数据，充分利用这些辅助数据，可大大提高无人机图像处理的速度和质量，对于图像拼接，粗略定位可缩小图像配准计算的范围，从而可以有效地提高图像拼接处理的速度。

（3）图像配准。

无人机成像传感器在不同位置获取地面景物、图像之间往往具有一定的重叠度，通过图像配准，建立相邻图像之间的几何关系，满足图像几何纠正和拼接处理需要。

（4）图像融合。

通过图像配准建立了待拼接图像之间的几何关系，通过相互几何关系可解算变换模型多数，并在确定场景的基础上，进行匀光和合成处理。

6.4.5 图像配准

6.4.5.1 图像配准定义

纵观无人机图像处理与应用相关技术，虽然图像配准没有单独作为一个主题，但是图像配准确却是无人机图像处理中非常关键的技术之一。无人机多源图像融合、图像拼接、图像目标定位等主题研究均离不开图像配准，所以本节所阐述的内容不单单适用于无人机图像拼接，其他信息处理中均涂及图像配准问题，在后面章节中涉及图像配准时就不再重复阐述。当然，就图像拼接而言，图像配准是整个拼接流程中的一个非常关键的环节，也是拼接解算需要解决的核心问题之一。

图像传感器在获取图像过程中，由于拍摄时间、角度和环境的不同，使得多幅图像的重叠区在各自图像中的表现有所差异，需要通过某种方法确定重叠区域中哪些像素是对应的，即图像配准。图像配准对象的多幅图像既可以是相同传感器不同时间或不同视角拍摄获取的，也可以是不同传感器、不同时间或不同视角拍摄获取的。

同一传感器、同一场景从不同角度拍摄形成的不同图像的配准问题。这一类图像配准主要应用在视频图像实时拼接、航空像片拼接、航空像片数字定位解算等方面。同一传感器、不同时间拍摄的不同图像的配准问题。这一类图像配准主要应用在变化检测方面，由于是同一传感器，地物目标成像特性相同，不同时间的图像经过配准处理后，很容易探测到地物目标的变换特性。不同传感器所拍摄图像的多源图像配准问题，这一类图像配准主要应用在无人机多源图像融合方面。

使用特征描述算子（即特征向量）和相似性策略对特征进行匹配。特征匹配涉及匹配搜索空间、搜索策略以及相似性测度评价问题，搜索空间是指在多幅待配准图像中提取特征点之间建文对应关系的所有变换的集合。图像间的几何变换决定了搜索空间的组成。如两幅图像之间只存在平移变换，则搜索空间是二维的。搜索策略主要是为了解决图像配准的处理建度问题。性能良好的搜索策略可在保持良好的配准精度的同时有效地减少图像配准的计算量。常用的有穷举法、多尺度搜索层次性搜索、启发式搜索、松弛算法、动态规划等。相似性测度是衡量搜索空间里得到的不同点的对齐匹配程度，常用的有相关系数、互信息量、欧式距离等。

变换模型又称映射模型，即将输入图像向参考图像映射的坐标变换函数。而图像重采样与变换则就是由输入图像经变换模型向参考图像进行对齐的过程。变换后图像的坐标将不再是整数，这就涉及重采样与插值处理。

6.4.5.2 图像配准方法概述

虽然图像配准方法都是面向一定范围的应用领域，没有一种通用的方法可以解决所有问题，但是依据图像配准中利用的图像信息的不同和从目前无人机图像配准的应用情况来看，常用的方法主要分为基于灰度信息方法、基于特征方法和基于变换域方法3大类。

（1）基于灰度信息的图像配准方法。基于灰度信息的图像配准方法直接利用图像的灰度信息，根据对应关系模型将每个像素点变换成对应点，采用一定的搜索方法，寻找使相似性评价函数值达到极值的变换模型参数值，根据所确定的参数值计算图像变换矩阵，从而实现图像拼接。

（2）基于特征的图像配准方法。基于特征的图像配准方法首先要对待配准图像进行预处理。即进行特征提取，再完成两幅图像特征之间的匹配。再次通过特征的匹配关系建立图像之间的配准映射关系。基于特征的图像配准方法将需要对格幅图像进行的分析转变成对图像特征的分析，大幅度降低了图像处理的运算量。此外，由于在选取图像特征时，要求图像特征对图像空间变换、尺度变换不敏感，使得该类方法对图像变形。

若能较好地进行区域分制，则可以使用区域统计特征作为特征匹配的基元。它的优点是选取灰度值作为匹配基元不需要额外地计算抽取图像的特征。基于区坡特征的图像折接也存在缺点，例如受光强影响大，对灰度变化比较敏感，而且对于匹配中的旋转，尺度变换以及遮掩等极为敏感。在基于图像特征的匹配力方法中，边缘是最常用的图像特征之一。采用边缘线段作为特征匹配基元的优点是孤立边缘点的位置偏差对边沿线段的影响很小。点特征配准中常用到的图像特征之一是图像中的角点。图像中的角点在计算机视觉、模式识别以及图像配准领域都有非常广泛的应用。

（3）基于变换域方法。基于变换域的图像配准的一个经典方法是相位相关法，即利用傅里叶变换的方法，将图像由空间城变换到频率坡，根据傅里叶变换平移特性来实现图像的配准。

傅里叶变换具有平移不变性特点，这个性质就是如果图像存在平移对傅里叶变换的幅值没有影响。即无论图像沿横轴方向还是纵轴方向平移，或者同时在两个方向上存在平移，经过平移后的图像对应的傅里叶幅值谱没有变化，即与原始图像的傅里叶幅值谱完全相同。

设 $f(x, y)$为模板图像（从待配准图像中取得的一块局部图像），$R(x, y)$为基准图像，x_0，y_0为模板图像相对基准图像的平移量，即有

$$f\left(x,y\right)=g\left(x-x_0,y-y_0\right) \tag{6-12}$$

F 和G分别是 $f(x, y)$和 $g(x, y)$的傅里叶变换，根据傅里叶变换的平移性有

$$F=Ge^{\frac{\mathrm{j}2\pi\left(\omega x_0+vy_0\right)}{N}} \tag{6-13}$$

式中，u，v为频率域坐标；N为图像宽度。

从式（6–13）可以看出，两幅图像相差一个平移量（x_0，y_0），在频率域只发生相移，而傅里叶变换的幅值不变。

6.4.6　图像拼接

经过图像配准后，在基准图像和待配准图像之间构建了多个同名点对，接下来的工作就是通过同名点对解算待配准图像相对基准图像的几何关系。即变换模型参数解算。

（1）刚体变换模型。刚体变换能够保持区域中两个点间的所有距离，是平移、旋转与缩放的组合。它适用于配准具有相同视角，但拍摄位置不同的来自同一传感器的两幅图像。刚体变换模型下，若点（x，y）、（x'，y'）分别为待配准图像和基准图像中对应的两点，则它们之间满足以下关系，即

$$\begin{bmatrix}x'\\y'\end{bmatrix}=s\begin{bmatrix}\cos\theta & -\sin\theta\\ \sin\theta & \cos\theta\end{bmatrix}\begin{bmatrix}x\\y\end{bmatrix}+\begin{bmatrix}t_x\\t_y\end{bmatrix} \tag{6-14}$$

从式（6–14）可以看出，经过刚体变换，图像上物体的形状和相对大小保持不变。

（2）投影变换模型。投影变换确定的是投影中的坐标变换，将一个点p（x，y，z）投影到另一个点q（x'，y'，z'）的投影变换可定义为

$$\begin{bmatrix} x' \\ y' \\ z' \end{bmatrix} = \begin{bmatrix} h_{11} & h_{12} & h_{13} \\ h_{21} & h_{22} & h_{23} \\ h_{31} & h_{32} & h_{33} \end{bmatrix} \begin{bmatrix} x \\ y \\ z \end{bmatrix} \tag{6-15}$$

式中，h_0（i=1，2，3；j=1，2，3）为变换参数。

在图像拼接使用过程中，往往将投影变换限于在被拍摄场景是平面的情况。例如，当相机距离被拍摄场景足够远时，可以将被拍摄场景近似为一个平面，常用的投影变换数学描述为

$$\left.\begin{aligned} x' &= \frac{a_3 x + a_5 y + a_1}{a_7 x + a_8 y - 1} \\ y' &= \frac{a_4 x + a_6 y + a_2}{a_7 x + a_8 y - 1} \end{aligned}\right\} \tag{6-16}$$

（3）仿射变换模型。仿射变换是配准中最常用的一类转换模型。当场景与像机间的距离较大时，被拍摄的图像可认为满足仿射变换模型。仿射变换数学描述为

$$\begin{bmatrix} x' \\ y' \end{bmatrix} = \begin{bmatrix} \alpha_1 & \alpha_2 \\ \beta_1 & \beta_2 \end{bmatrix} \begin{bmatrix} x \\ y \end{bmatrix} + \begin{bmatrix} \alpha_0 \\ \beta_0 \end{bmatrix} \tag{6-17}$$

可以用矩阵形式表示为

$$\boldsymbol{X}' = \boldsymbol{A}\boldsymbol{X} + \boldsymbol{t} \tag{6-18}$$

式中，$\boldsymbol{X}' = \begin{bmatrix} x' & y' \end{bmatrix}^{\mathrm{T}}, \boldsymbol{A} = \begin{bmatrix} \alpha_1 & \alpha_2 \\ \beta_1 & \beta_2 \end{bmatrix}, \boldsymbol{X} = \begin{bmatrix} x & y \end{bmatrix}^{\mathrm{T}}, \boldsymbol{t} = \begin{bmatrix} \alpha_0 & \beta_0 \end{bmatrix}^{\mathrm{T}}$。

式（6–17）也可以用一次多项式描述为

$$\left.\begin{aligned} x' &= \alpha_0 + \alpha_1 x + \alpha_2 y \\ y' &= \beta_0 + \beta_1 x + \beta_2 y \end{aligned}\right\} \tag{6-19}$$

仿射变换具有平行线转换成平行线和有限点映射到有限点的一般特性。在无人机图像配准技术中，通常假定配准处理的两幅图像间满足刚性平面变换关系，即两幅图像间满足仿射变换关系。

6.4.7　色调调整

色调调整是无人机图像拼接中一个关键环节。不同时相或成像条件存在差异的图像，由于要拼接的图像辐射水平不一致，图像亮度差异较大，若不进行色调调整，拼接在一起的多幅图像，即使几何位置配准很理想，但由于色调差异，也会造成合成图像的局部突变，影响应用效果。

为了讨论问题方便，以9幅图像拼接为例阐述图像合成，如图6-9所示。这9幅图像可采取如图6-10所示的色调调整方案.图中箭头表示一幅图像的色调要调整到与另一幅图像相同的色调。

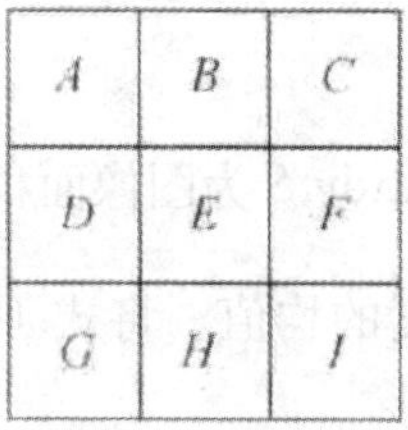

图6-9　拼接图像位置关系

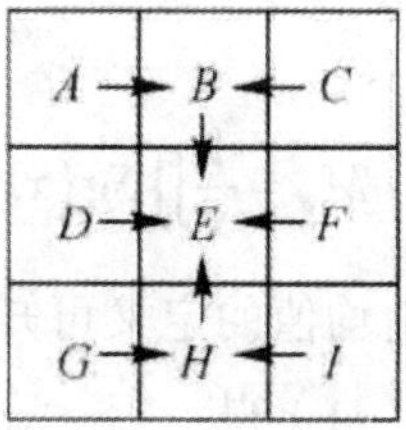

图6-10　色调调整顺序

关于色调调整方法，常用的有以下2种方法。

6.4.7.1 方差均值法

设要进行色调调整的相邻两幅图像为$f(x, y)$和$g(x, y)$，x和y是图像上每个像素对应的列号和行号。期望把图像$f(x, y)$的色调调整到$g(x, y)$图像一致。设$\alpha(x, y)$为图像$f(x, y)$相对于图像$g(x, y)$的记录增益变化，$\beta(x, y)$为图像$f(x, y)$相对于图像$g(x, y)$的零线飘移量。为了使问题简化，假设同一幅图像中的$\alpha(x, y)$和$\beta(x, y)$是一个常量，则使图像$f(x, y)$色调调整到图像$g(x, y)$的技术问题可归结到求α和β，即使

$$l=\iint\left[\alpha f(x,y)+\beta-g(x,y)\right]^2\mathrm{d}x\mathrm{d}y \tag{6-20}$$

为最小，根据最小二乘求极值原理，也就是使得

$$\frac{\delta l}{\delta\alpha}=0=\iint\left[\alpha f(x,y)+\beta-g(x,y)\right]\mathrm{d}x\mathrm{d}y \tag{6-21}$$

$$\frac{\delta l}{\delta\alpha}=0=\iint\left[\alpha f(x,y)+\beta-g(x,y)\right]f(x,y)\mathrm{d}x\mathrm{d}y \tag{6-22}$$

由式（6–21）可得

$$\beta=M_g-\alpha M_f \tag{6-23}$$

式中，$M_g=\frac{1}{S}\iint Sg(x,y)\mathrm{d}x\mathrm{d}y, M_f=\frac{1}{S}\iint Sf(x,y)\mathrm{d}x\mathrm{d}y, S$为图像面积。

由均值的定义可知，M_g和M_f正好是图像灰度的均值。将式（6–23）代入（6–21）得

$$\frac{\delta l}{\delta\alpha}=0=\alpha\iint\left[f(x,y)-M_f\right]^2\mathrm{d}x\mathrm{d}y-\iint\left[g(x,y)-M_g\right]\left[f(x,y)-M_f\right]\mathrm{d}x\mathrm{d}y$$

进一步整理得

$$\alpha = \frac{\iint \left[g(x,y) - M_g \right] \left[f(x,y) - M_f \right] \mathrm{d}x\mathrm{d}y}{\iint \left[f(x,y) - M_f \right]^2 \mathrm{d}x\mathrm{d}y} \tag{6-24}$$

式中，σ_{fg}^2 代表相邻两幅图像的协方差 σ_{ff}^2 代表图像$f(x, y)$的方差。

α 的值求出后，代入式（6–22）即可求出 β 值，即

$$\beta = M_g - \frac{\sigma_{fg}^2}{\sigma_{ff}^2} M_f \tag{6-25}$$

α 和β值求出后。即可对图像$f(x, y)$进行调整，使得调整后的图像与图像$g(x, y)$灰度差异最小，调整公式为

$$\hat{f}(x,y) = \alpha f(x,y) + \beta \tag{6-26}$$

式中，$\hat{f}(x,y)$ 为 $f(x,y)$ 灰度调整后的图像。

6.4.7.2　直方图法

（1）分段拉伸法。当待拼接合成的两幅图像灰度相差不大时，也采用直方图对灰度分段拉伸进行色调调整，或者先用方差均值法对两幅图像进行初步处理，之后色调差异已经很小了，此时进一步利用这种方法对这两幅图像进行第二步色调调整，这样可以使色调调整的效果更加理想。

方法的具体步骤如下：

第一步：取出两幅图像重叠部分（见图6–11），此时一定要保证L' 与R'和L与R图像在行数上一致，一定不要小于L和R所具有的行数，并且在取样时，要有足够的样本数；其次，分别作出L' 图像和R' 图像所包含的所有波段（对于彩色图像，有3个波段）的直方图；然后，在直方图上找出两幅图像相应的频率像素所对应的灰度值对（见图6–12，以灰度图像为例）。

从图6–12中的直方图上读出灰度值对应的点对，用灰度分段拉伸方法，把图像L' 上的灰度值0，3，22，46，54对应地拉伸到相应的图像R' 上的灰度值0，15，41，62，80。这些点中间的灰度值按线性比例内插，经过这样拉伸处理后的L' 图像与R' 图像上的色调达到基本一致。

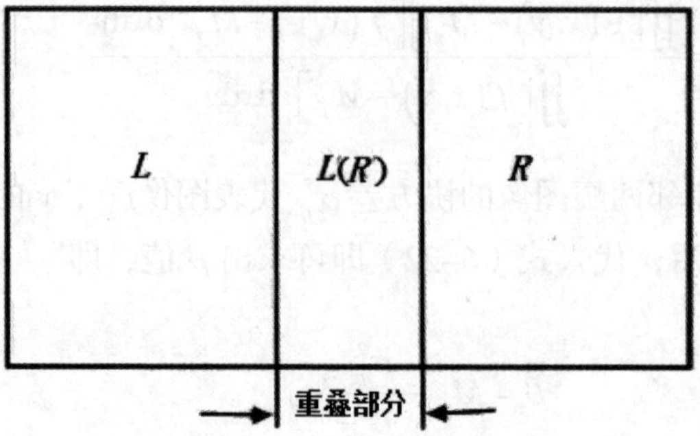

图6-11 配准图像重叠示意图

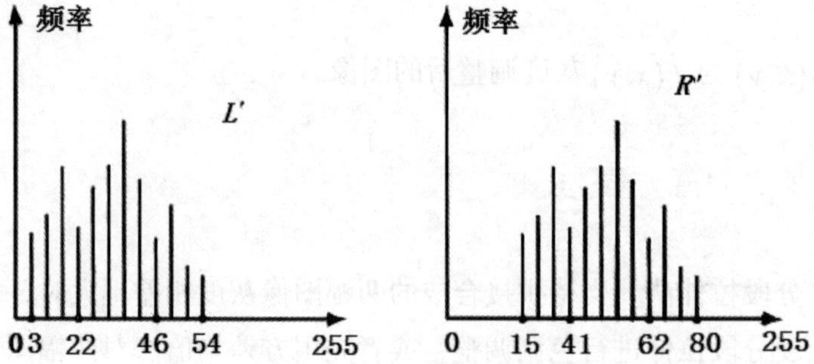

图6-12 L′ 和R′ 图像直方图

第二步：色调调整效果检查。通过图像显示或者检验算法，对图像L'与图像R'的图像差别进行判定。若差别超过阈值（或者感知限度），则再次修改拉伸时的点对值，进行拉伸处理，直到满足要求为止。

第三步：用最后得到的拉伸点值，对两整幅图像L和R的色调进行调整，即分波段把L图像的灰度值拉伸到R图像相应的灰度值，从而完成两幅图像L和R的色调调整。

（2）直方图规定化。对于两幅图像的重叠区，也可以采用直方图规定化的方法对待调整图像进行调整。

6.4.8　图像合成

6.4.8.1　图像合成方案的确定

经过色调调整后，所有待拼接的图像的色调基本满足了拼接的需要，下一步即可进行图像合成，依照什么顺序进行合成呢？因此，需要设计逐对图像合成的方案。图像合成的一个很重要的问题是在待合成图像的重叠区内选择出一条曲线，按照这条曲线把图像拼接起来，待合成图像按照这条曲线拼接后曲线两侧的亮度变化不显著或最小时，就认为找到了接缝线。找出这条线在每一行的交点即可，为此可取一长度为d的一维窗口，让窗口在一行内逐点滑动，计算出每一点处L和R两幅图像在窗口内各个对应像素点的灰度值绝对差的和，最小的即为接缝线在这一行的位置，其计算公式为

$$\sum_{j=0}^{d-1}\left|f_L\left(i,j_0+j\right)-f_R\left(i,j_0+u\right)\right| \tag{6-27}$$

式中，$f_L\left(i,j_0+j\right)$和$f_R\left(i,j_0+j\right)$为图像L和R在重叠区$\left(i,j_0+j\right)$处的灰度值，$j0$为窗口的左端点（j_0=1，2，…，$L-d+1$），i为窗口所在的图像行数。满足上述条件的点就是接缝点，所有接缝点的连线就是接缝线。

6.4.8.2　重叠区灰度调整与图像合成

前面讲到了对待拼接的图像进行色调调整以减小图像间的色调差异，但无论怎样进行处理，待拼接处理的两幅图像间难免还存在着灰度差异，特别是在两幅图像的接边处，这种差异有时还是比较明显，为了进一步减小两幅图像在合成时的差异，有必要进行重叠区灰度调整，在调整过程中，生成一幅新的图像，从而完成两幅图像的合成工作。

灰度调整与图像合成既可以采用一般的方法（如平均值法、加权平均法等），也可采用图像融合的方法（如多分辨率样条法等），本节主要讲述在无人机图像拼接处理中简单且常用的两种方法，方法具有简单、计算量小等优

点，特别适合实时快速处理。

（1）平均值法。平均值法是将两幅图像重叠部分的灰度平均值作为所有重叠的点像素的灰度值，(x, y)为图像点的坐标，设$f_1(x, y)$为基准图像，$f_2(x, y)$为待拼接图像，$f_m(x, y)$为合成结果图像.则有关系式

$$f_m(x,y)=\begin{cases} f_1(x,y),(x,y)\in R_1 \\ \dfrac{f_1(x,y)+f_2(x,y)}{2},(x,y)\in R_2 \\ f_2(x,y),(x,y)\in R_3 \end{cases} \tag{6-28}$$

式中，R_1表示基准图像中与待拼接图像未重叠区域，R_2表示基准图像与待拼接图像重叠区域，R_3表示待拼接图像与基准图像未重叠区域。

（2）加权平均法。加权平均法是将两幅图像重叠区域内相同位置的像素值加权后再相加的结果作为合成后图像的像素值。(x, y)为图像点的坐标，设$f_1(x, y)$为基准图像，$f_2(x, y)$为待拼接图像，$f_m(x, y)$为合成结果图像，则有关系式

$$f_m(x,y)=\begin{cases} f_1(x,y),(x,y)\in R_1 \\ w_1 f_1(x,y)+w_2 f_2(x,y),(x,y)\in R_2 \\ f_2(x,y),(x,y)\in R_3 \end{cases} \tag{6-29}$$

式中，w_1和w_2为权重系数，且满足$w_1+w_2=1, 0\le w_1, w_2\le 1$，其他符号含义如式（6-28）中定义。从式（6-29）可以看出，平均值法是加权平均法的特例，即$w_1=w_2=0.5$。

第7章　无人机当前困境与发展愿景

随着无人机的潜在应用在全世界范围内不断出现，无人航空的发展也在争议与困难中呈现指数式增长。为了实现把无人航空纳入民用航空这一目标，多个联邦机构和不同国家政府都提出了相关议案（也许这些议案之间有竞争关系）。但是，事态发展非常快，当人们觉得一个议题就要完成了的时候，就立即需要考虑新的变化，开展新的修改。

7.1　无人机面临的困境

近年来，无人系统（US）领域和相关的US技术迅速崛起。尽管从古代起就有了各种飞行的或地面上的“无人驾驶物体”的报道，但是传感、通信、计算、控制和航空航天系统的进步推动了US在多个领域发展和应用的爆发式增长。显而易见，这些技术在无人航空领域的应用发展是最广、最快的。虽然无人航空被赋予了多种称谓（UAV、UAS、RPA或RPAS），但这些系统部署的数量和承担的任务范围不受其影响，始终以惊人的速度增长。在可预见的未来，尽管收紧支出可能会影响一些项目和采购，但是由于政府国防预算分配给无人系统的经费更高，无人机系统在军用市场应该会比民用市场更具有价值。工业部门也已提供了额外的研发资金，或用于国家的无人航空项目，或用于吸引国内外订单的自研项目。尽管无人航空技术已经在世界范围内迅速扩大，但如果最终目标是在各种各样的应用中充分利用这种系统，再加上无人/有人系统来共享民用空域的能力问题，那么仍然有一些重要问题和挑战需要解决。目前回答这些问题并非那么简单。因为无人机上没有飞行员可以去观察情况，因此受到人们的质疑，即使不怀疑，也会反对“那些独自飞在天上的东西”。然而，应该给予公众怀疑的权利。人们不应忘记60年前发生在机器人技术领域的事情，人们斗争了30多年才使机器人在美国得以接受，将其作为一个可行的甚至更好的替代物来完成各种各样令人类觉得乏味的工作。当美国接受机器人时，日本汽车制造商已经把汽车装配线自动化，而仿真机器人的研究和开发也已经开始。甚至欧洲工业部门使用机器人也比美国早。这还仅仅是那些并非无人驾驶的“机器人”，它们没有独自飞行。因此，自然而然地，让公众接受无人机用于民用领域是非常困难的。然而，未来就是这样，无人机正在逐步进入人们的日常生活。不久前已经在杂志封面出现过“机器人，哥来了”的宣传语，不久后“无人机，哥来了”的宣传语也将出现。在世界范围内，无人系统对经济的影响是重要的。

当然，我们不应该忽视这样一个事实，也许充分利用无人机的最大挑战不只与技术有关，公众认可度、监管和保险问题、伦理和法律等问题也同样重要。一个相关问题是如何把监管有人机飞行的相关法律应用于无人机系统。无人机用于对个人的监视会产生侵犯隐私的隐患，因此需要建立一个框架对隐私问题开展讨论。在国内最具争议的一项应用是在执法机构的使用，利用飞行器进行监测和打击犯罪，使隐私倡导者和其他公民紧张不安。使用无人机的相关伦理问题也是技术专家和社会学家近期讨论的主题。数据安全也是一个挑战，必须采用监管框架用于保护无人机收集到的数据。当军事和安全行动影响到非作战人员的生活或导致侵犯隐私和其他法律社会问题时，围绕这一主题的争议将不断激化。无论如何，研究活动必然会在由政府和私人企业支持的几个方向上扩展。目标是改进无人平台的自主性、可靠性和安全性，同时降低使用成本和操作人员的工作量。国家机器人倡议（NRI）提出，为大学研究无人机发挥更大作用设置一个平台。世界各地的大学正在开始推出针对新型无人机概念的设计和运用的课程。约10所大学已经正式引人无人机学位课程，而另一些则提供在无人机领域的证书。

无人机面临的局限主要有几下几点。

（1）无人系统的增长和有人–无人系统的同步操作已经造成了人力负担。由于人力资源有限，美国军方正在寻求改善操作效率的方法。更大程度自主性的引人可以保证让一位操作人员控制多个无人系统，以降低人力需求。通过对无人系统所获数据的任务规划、处理、开发和分发（TPED）的自主控制来提高效率。自主控制可以通过智能响应周围环境条件来延长系统的续航力（如利用/避开气流），并适当管理机载传感器和数据处理（如在不需要的时候关闭传感器）。增强自主性也将有助于削弱无人机故障/失效模式的不利影响。然而，采用更高程度的自主性将面临着以下挑战：为实现更可行的自主控制，需要在科学和技术（S&T）方面加大投入；对于在什么条件下，安全地、符合伦理地授权UAV做出什么决定，需要制定相应的政策和指导方针；为实现可验证的系统，需要发展新的验证与确认（V&V）和测试评估技术。

（2）当前大多数现行法律对无人机在城市上空飞行，以及在操控者视野外飞行的规定极其严格。通过限定持续飞行无人机的重量，法律规定无人机装载的传感器往往无法满足常规技术要求。

（3）虽然无人机能够采集很多数据，但没有辨别能力，比如，会对每个检测的天线塔都拍摄数百张照片，因此，甄别数据的工作很耗费时间。理想的情况是，无人机在飞行拍摄的时候就能进行区分辨别。或者在操作无人机拍照的同时，有人在平板电脑上同步对照片进行选择。

（4）无人机的应用客户习惯于每次向供应商寻求同一水平的技术与服务。客户享受的通常是“交钥匙”式服务，包括从申请许可、获取处理数据、检测并指出建筑物的缺点直至无人机维护等一整套服务。但是，目前无人机运营厂商都是新兴小型科技企业，没有能力提供客户所需的所有服务，在提供的数据出现错误时，也无法承担责任。

（5）无人机大型机群活动需要包括各种程序在内的管理系统。改变程序则需要各种确认，耗费时间与精力。无人机的应用大客户花了数十年时间，集中力量发展各自核心业务，以降低成本、减少危险。结果，无人机检测工作往往由外包企业承担。因为，改变工作模式意味着需要重新获取一些技能。

（6）无人操作缺乏受保护的无线电频谱，这增加了操作人员失去对飞机的指挥和控制的可能性。与使用专用受保护的无线电频率的有人机不同，无人机目前使用未受保护的无线电频谱，与其他无线电技术一样，容易受到无意或有意的干扰。这成为无人机的一个关键安全漏洞，因为与飞行员直接、物理控制有人机相反，无线电频率中断（如干扰）可以切断飞机的唯一控制手段。

（7）无人机具有投送核、生物或化学有效载荷的能力，并可以几乎从任何地点起飞而不被探测到。为了应对2001年9月11日的事件，对客机驾驶舱门进行了加强。防止未经授权进入。然而，没有类似的安全要求以防止对无人机地面控制站（相当于无人机的驾驶舱）未经授权的进入。一项研究显示，安全问题是一个潜在的问题，即使在应对了所有其他挑战之后，它也可能阻碍无人机的发展。

（8）影响无人机的各种地面控制站设计是另一个人机工程。例如，“捕食者”的操作人员使用驾驶杆和脚踏板控制飞机，类似于有人机飞行员的动作。相反，“全球鹰”的操作员使用键盘和鼠标来控制飞机。无人系统的任务差异可能需要不同的控制站设计，但是涉及所有地面控制站的规则需要什么程度的通用性有待进一步研究。

（9）安全，包括与之相关的所有先决条件和后果。要达到与有人机等效的安全水平（ELSO），可靠性需要提高，空中碰撞概率需要降低。避碰是一个重要的研究领域，因为大多数相应的有人驾驶飞行程序和技术首先依赖飞行员，其次依赖ATC指令。

（10）探测、感知与规避技术。NTSB 成员对UAS在公共空城发生接近交汇后处理突发事件的能力展示出了特别的兴趣。此外，冗余设计是必需的，并且是显而易见的，感知和规避技术应该既包括视觉也包括非视觉传感器部件。随着自主性增强，在操作人员的有限参与下，这类系统应该能够在各种气候条件下和环境中运行。后者的确很重要，因为预期的不同要求取决于在决策回路中是否有飞行员存在。在任何情况下，一个成功的探测、感知和规避系统可能需要来自多个传感器的信息融合，以避免单传感器的“盲区”。也有必要将系统与地面传感器（如雷达）连接，以补充自身信息，与其他传感器和机载系统一起做出规避的成功决策，并准确及时执行。基于公平和平等原则，有理由要求这类系统达到与飞行员相当的性能。不过，研究和实践都表明，飞行员在监测潜在的碰撞方面不是很好。况且，目前飞行员只能监视周围空域有限的一部分，主要是在飞机的前面。因此，发展能够超过飞行员能力的监测、感知和规避系统对于有人驾驶也是有益的。在任何情况下，都将强制执行最低要求，包括最小探测距离和飞机间隔裕度。根据FAA AC90-48C报告，系统的“反应时间”也应该至少与飞行员相当。同时，尽管研究专注于复制飞行员的视野，还需要发展有效的解除冲突算法，以在可能发生碰撞时代替飞行员的操作。

（11）传感器的发展。从控制的角度来看，传感器能力是一个问题，因为它们将决定探测感知与规避、观察和采取规避行动，进而成为影响飞行安全的主要因素。相关研究对光电、声学和微波传感器进行了分析。声学传感器不易受到环境问题影响，非常稳健，但分辨率低，跟踪多个目标时会出现问题。光电传感器具有良好的分辨率，且允许跟踪多个目标，但更容易受到环境干扰（太阳眩光、温度和振动）。微波传感器可以很好地预测距离，但设备太大、沉重且昂贵，尤其是对小型UAS，然而已经在研究用于这类UAS的超轻型雷达系统。当这些传感器组合起来时具有独特性，使得UAS能够在云雾、眩光或黑暗的条件下跟踪一个或多个目标。除了发展有着更高分辨率和改进效能的传感器，还需要高效的融合算法。最终传感器的小型化将在小型UAS的集成中发挥重要作用。

（12）带宽管理。国际电信联盟（ITU）正在与国际民航组织（ICAO）合作为UAS飞行提供一个安全的全球无人机通信基础设施。在工业界的支持下，美国政府向TTU提出的一个选择是使用固定卫星，固定卫星服务数量丰富，可安全地支持未来几年UAS市场的预期增长。

（13）丢失链路程序。在任何情况下，UAS必须能够在丢失链路的情况下提供自动恢复的方法。有许多可以接受的方法以满足需求，目的是确保在丢失链路时飞机操作是可预测的。

（14）飞行终止系统（FTS）。急切期望任何UAS都有系统冗余和独立功能，以确保系统的整体安全和可预测性。如果发现一架UAS缺乏系统冗余，那么为保证公共安全需要一个独立的飞行终止系统，操作人员能够手动激活该系统。

（15）自主飞行。最初只有具有操作人员干预或操作人员在回路的无人机被允许在限制区、禁区或警告区之外的国家空域飞行。设计为完全自主飞行的、无需操作人员干预的UAS将在最后才可以被授权在国家空域系统飞行。

（16）技术测试和评估。在标准和法规制定的同时，还需要其他努力来简化UAS在NAS中的集成过程。现有的法规严格限制无人机进入空域，以便UAS开发人员能够评估自身系统。因此，FAA宣布，为了研发和验证目的，建立6个测试站（2013年12月）用于UAS及其子系统的评估。法国、西班牙、加拿大、澳大利亚和新西兰也在计划或已经建立了类似的中心。这类中心可用于验证无人机硬件和软件部分，也提供无人机机组人员培训，这与澳大利亚ARCAA的目标是相同的。

7.2 无人机飞行器的演化趋势

飞行器（Fight Vehicle）是由人类制造、能飞离地面、在大气层内或大气层外空间飞行的机械飞行物。在大气层内飞行的称为航空器，在太空飞行的称为航天器。随着内燃机的发明和广泛应用，在空气中飞行也逐渐成为可能。1903 年，美国的莱特兄弟率先在美国制造出能够飞行的飞机，并且实现了飞行的梦想。随后，飞机及其相关的科学和技术得到了飞速发展。未来几年无人机系统将会有很多种发展趋势，以下几种尤为引人关注。

7.2.1 小型化

随着材料和处理技术的进步，很多平台变得越来越小，而电子技术的每次发展都能让设计者在更小的空间内置入更多种能力。但如何解决在小空间内完成更多的处理工作所释放出能量的热耗散问题，往往是制约小型化实现的主要因素。未来这个问题一旦解决，国家空域系统内的无人机系统所需的所有部件（导航、通信、位置报告等）很可能都集成在一块小小的印制电路板上，极易拆卸并安装在另一架无人机上。未来通过技术实现小型化后，微型无人机（翼展小至15.2 cm）和纳来无人机（Nano Air Vehicles，NAV，翼展小至7.6 cm）将引领潮流。

7.2.2 动力解决方案

无人机系统的动力和能源将成为未来主要的研究课题。随着对生态友好性、经济性和性能要求的不断提高，未来要寻求解决目前动力和能源存在的多种限制的方法。

7.2.2.1 替代能源

无人机系统毫无例外会摆脱石化燃料，并且目前该领域已经实现了很大的进展。蓝鸟航空系统公司（BlueBird Aero Systems）和地平线燃料电池科技公司（Horizon Fuel Cell Technologies）已经将由一块重2 kg的氢燃料电池推动的“回旋镖”（Boomerang）无人机投入战场，使其续航时间因此延长至9个多小时。还有一些生物燃料也已经在无人机系统上进行了测试。但是目前的生物燃料技术在满足未来能源需求方面，能够发挥多少作用还有待观察。经过测试看来，多数太阳能驱动的无人机系统已经实现了不同程度的成功，但目前也存在诸多限制，主要集中在有效载荷有限、产生充足能量所需太阳能电池阵列的数量和电池的重量等问题上。这其中体现的对效率的需求，将会使研究人员致力于在更小的空间内实现更高效的太阳能转化，同时以更轻便、更高效的方式储存这些能量。

7.2.2.2 电力推进

目前的电动无人机系统采用电池推动，能够搭载的有效载荷较小，续航时间也仅限于最多1~2 h，其电池的重量是最大的制约因素。锂聚合物电池技术的进步为电池延寿、最大程度减重和塑形带来了希望，而塑形又可以使电池更符合飞机的设计。未来电动无人机系统的发展将涉及利用电力线进行电力补给能力的开发，探索一种电“加油机”的概念，或随着技术的发展，开发通过空气进行电力传输并对机上电池充电的能力。

7.2.2.3 材料改进

在飞机设计领域有一点是不言自明的，即飞机结构的重量越轻，其搭载的有效载荷越大。结构材料的发展很大程度上将集中在复合材料技术的开发上，使用复合材料的飞机无疑会更轻、更耐用，同时也便于制造、维护和修理。当然成本也一定会相应提高。但目前复合材料的价格相对来说下降了。目前飞机结构采用复合材料还存在一定的局限性，尤其是当飞机暴露于污染或腐蚀性环境等异常条件下时，其长期结构完整性将受到损害。随着无损检测技术的进步将能够消除这些局限。

7.3 无人机未来发展

近20年来，我们见证了无人机和无人系统水平取得的重大进展。由军方部门资助的几个主要研发项目为发展和部署空中、水下和地面无人系统做出了很多贡献，新的设计以更强的态势不断涌现。这些设计的共同任务和目标是通过创新的感知和控制策略、增强的可靠性和耐久性、容错控制、先进材料和高效能源来改进自主控制。对于这些重要资产更广泛地应用还需要新的概念和技术，不仅应用于军事，还应用于商业和其他领域，如国土安全、救援行动、森林火灾探测和投送货物。由多个执行复杂任务的无人机组成的联合系统对控制领域提出了新的挑战。无人系统必须拥有自主控制的属性，使得"系统之系统"能够有效工作。无人机群的协调和协作控制需要发展新技术和技术创新，并将建模、控制、通信和计算集成到单一的体系结构。典型的应用范围包括在城市环境中的侦察和监视任务、目标跟踪和规避机动、搜索和救援行动、国土安全等。这类无人机群或类似多系统构架的联合系统要有效和可靠地运行，仍有许多重要技术挑战需要解决。迄今为止，繁重的操作人员负荷，自主控制问题和可靠性问题依旧限制了它们的广泛应用。系统和控制界要向该领域引入突破性技术方面发挥重要作用。无人机具有使用灵活、操作方便、成本低等优点，在敌情侦察、通信中继、精确打击等军用领域以及测绘、气象、植保等民用领域都发挥了巨大的作用。随着无人机技术的逐步提升和新应用领域的不断出现，对无人机的需求逐渐扩展，无人机正朝着协同化、智能化等方向发展，新技术不断涌现。

7.3.1　无人作战飞机

无人作战飞机（Unmanned Combat Air Vehicle，UCAV）的概念出现在20世纪90年代中期，它是一种集合了侦查、监视、作战等多种功能的作战平台，通常与有人机进行协同作战。无人作战飞机背后所体现的理念就是设计一款攻击性无人空中武器发射平台，而并不是将武器安装在另有他用的平台上。当前设计一些无人作战飞机，包括美国波音公司的X-45A和后来研发的"鬼怪鳐鱼"（Phantom Ray）、诺斯罗普·格鲁曼公司的X-47B（已完成航空母舰自主起降）、英国BAE系统公司的"塔拉尼斯"（Taranis，雷神）无人机及法国代表的欧洲六国“神经元”（nEUROn）无人作战飞机等，均已完成首飞。无人作战飞机无须搭载飞行员生命保障设备，也不必考虑飞行员的生理极限，可获得更高的战斗机动性。另外，有人战斗机80%的寿命周期消耗于飞行员的飞行训练上，而无人作战飞机则可以直接执行任务，故而可以缩短设计寿命周期，降低成本。

无人机作战飞机具有用途多、生存能力强、作战环境要求低等优点，是信息战和网络中心战的重要装备。目前无人作战飞机的典型用途包括情报侦察、军事打击、信息对抗、通信中继、空中预警、空中加油等。其中，无人加油机、“忠诚僚机”和无人机蜂群就是很好的代表。

7.3.1.1 无人加油机

2016年2月，美国海军提出了CBARS（舰载空中加油系统）项目，计划研发一款F/A-18大小的舰载无人加油机。2016年7月，该计划被正式命名为MQ-25A“黄貂鱼”。洛克希德·马丁公司、波音公司、诺斯罗普·格鲁曼公司和通用原子公司参与了该项目的竞标。波音公司于2017年12月推出了原型机，并在2019年4月成功首飞，赢得竞标的胜利。作为下一代美国海军舰载无人加油机，MQ-25占用面积小，可维护性高，起飞准备时间短，可以在距航母930 km范围内为4~6架飞机提供15 000磅（6 800 kg）的燃油，可将F/A-18的作战半径由830 km提高到1 300 km。

美军航母上搭载的F/A-18战机一般在50架左右，一般情况下，25%要承担加油任务，不能发挥最大战斗力。而MQ-25的出现，可有效缓解此问题，使F/A-18机群打击效率更高，同时航母可以远离敌方目标，撤到中程2 h的滞空时间，MQ-25可在空中停留长达14 h，因而起降架次少，减轻了部署压力。MQ-25在空中待命的同时也起到了警戒巡逻的作用，提高航母的自卫能力。

7.3.1.2 “忠诚僚机”

战斗机飞行员培养成本高，周期长，任何的伤亡都会带来巨大的损失。

战斗机在空中作战时，往往不是单独作战，而是采用多机编队配合作战。此时如果由有人机作为长机，指挥无人僚机执行危险的任务，则可以避免或减少人员损失，这就是无人作战“忠诚僚机”的理念。

在“忠诚僚机”的构想下，美军研发了XQ-58A“女武神”无人机并于2019年3月5日完成了首飞。XQ-58A被设定为低价重复使用、可大量部署的无人机，1架XQ-58A的成本大约200万到300万美元。这就使得指挥官可以积极调派它们，并且作战损失在可承受范围内。除此之外，XQ-58A还具备隐身性，拥有高亚音速、远程巡航和高机动性的优点，这使它有能力成为一架性能良好的僚机。美国空军研究实验室正在研发安装在XQ-58A无人机上的感测器与武器系统，而且还希望在未来可以植入人工智能，以便能够与飞行员一起训练、学习，提高战斗技能，并能够独立应对威胁。

7.3.1.3 无人机蜂群

无人机蜂群作战设想来源于蜜蜂蜂群的协作行为和信息交互方式，其作战的技术原理是“集群智能”，即众多无/低智能的个体通过相互之间的简单合作所表现出来的集体智能行为。在群体行为中，通过个体之间局部简单的相互交流，无人机蜂群整体可以通过组织协作完成一些较为复杂的任务，降低无人机在作战时的风险和损失，并提高战术的灵活性。

无人机蜂群的主要特点有以下几个方面。

（1）个体简单性。群体中的每一个个体可以相对简单，不需要完成复杂任务所需要的较高智能。群体中的每个个体不需要直接得知整个群体的信息，只需感知一部分信息。

（2）控制分散性。群体中包含的所有个体是完全分散的，没有中心控制，不会因为单个个体或少数几个个体出现不确定的状况而影响全局。

（3）联系有限性。群体中的相邻个体之间可以彼此直接交换一定的信息，或者彼此不直接交互信息而是通过环境探查间接获取相关信息，群体中的每个个体不与其他所有个体发生信息交流。

（4）群体智能性。在个体简单性、控制分散性和联系有限性的基础上，群体却可以在适当的进化交互过程中表现复杂行为涌现的智能。

目前，大多数无人机蜂群所采用的无人机仅为单次使用，其原因一方面在于执行任务时，无人机不可避免的损毁；另一方面则是回收技术困难或回收成本高。为解决这一问题，美国国防部高级研究计划局（DARPA）实施了X-61A“小精灵”项目，研究蜂群无人机的快速回收技术。任务开始时，由1架C-130运输机携带8架X-61A“小精灵”无人机前往任务区域并进行投放。在X-61A“小精灵”无人机完成既定任务后，与C-130机舱尾部安装的一个拖曳式稳定捕获器对接，类似于空中加油。对接完成后，无人机关闭电源，随捕获器上升，并被上方的机械装置固定和回收

7.3.2 新能源无人机

新能源无人机是指采用非常规能源作为动力来源的无人机，包括太阳能无人机、燃料电池无人机、氢能源无人机、混合动力无人机、激光能源无人机和等离子体无人机等。新能源无人机有各自的特点和优势，比如更加环保、更加高效，但同时也存在着许多限制。由于新能源无人机处于起步阶段，与传统无人机相比，设计、制造、维护技术仍不成熟，应用范围不广。此外，新能源无人机大多存在动力不足、操作不便的问题，飞行性能不及传统无人机，无法执行特定任务。目前新能源无人机发展较为迅速、较为成熟的方向是太阳能无人机和氢能源无人机，更新颖的方向以激光能源无人机和等离子体无人机为代表。

7.3.2.1 激光能源无人机

为了能让无人机更加长久地停留在空中，美国洛克希德·马丁公司研发出一种全新的激光充电系统，称可以使“潜行者”无人侦察机不间断地飞行。激光充电的大致过程是：地面设施的电源系统作为能量源，为激光器供电。激光发射器将电能转化为激光能量，激光能量经过跟瞄系统准确传输到机翼下方的光伏电池上，光伏电池将微光能量转化为电能，为机载电池充

电，从而为无人机提供能量。图7-1为对无人机进行激光充能的原理图。

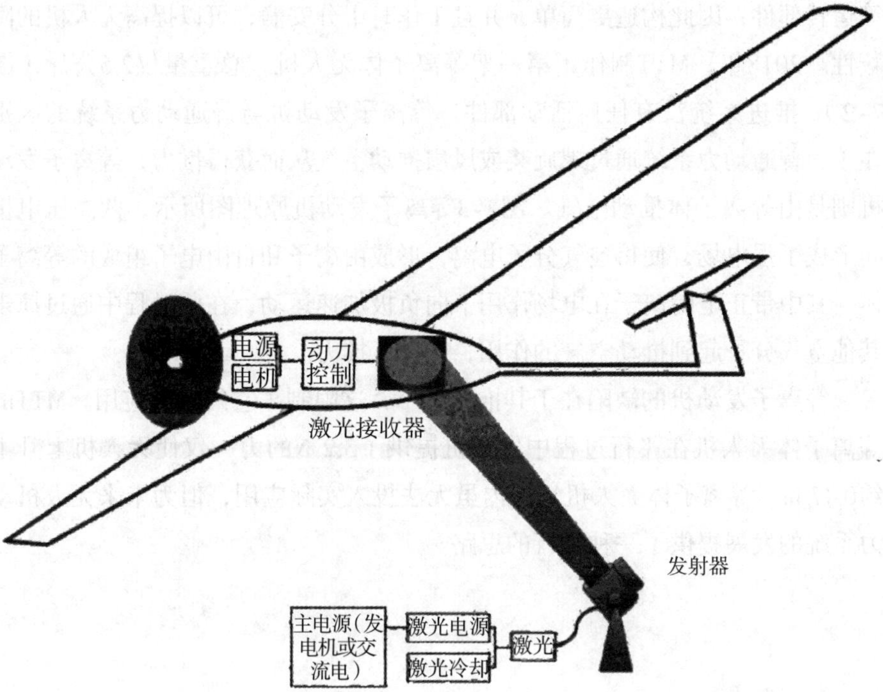

图7-1 激光能源无人机原理示意图

洛克希德·马丁公司利用全新的激光充电系统，在风洞模拟试验中令“潜行者”无人机连续工作了48 h，续航时间增加了2 400%。在户外试验中，“潜行者”无人机也完成了跨昼夜无故障飞行。技术人员认为，这种激光充电系统甚至可以让无人侦察机进行不间断飞行，一直留在空中。然而，用激光为无人机充电的能力也面临一些障碍。一方面，激光在大气中传播得越远，强度就越低，还可能会被烟、雾、霾和雨遮蔽；另一方面，向无人机发射激光也存在安全问题，当激光照射到光伏电池以外的机体部分时可能会造成无人机结构的破坏。

7.3.2.2 等离子体无人机

等离子体无人机使用等离子发动机提供动力，不需要螺旋桨或涡轮叶片等运转部件，因此构造更简单，并且工作时十分安静，可以提高无人机的隐蔽性。2018年，MTT制作了第一架等离子体无人机，总重量仅2.5公斤（图7–2），推进系统没有任何活动部件。等离子发动机与普通动力系统的区别在于：普通动力系统通过螺旋桨或风扇推动空气从而获得推力，等离子发动机则是由等离子体推动空气。图7–3等离子发动机原理图所示，两高压电极间形成了强电场，使得空气分子电离，形成由离子和自由电子组成的等离子体。其中带正电的离子在电场作用下向负极加速运动，在此过程中通过撞击其他空气分子起到推动空气的作用，产生了推力。

等离子发动机的缺陷在于其推力过小，这限制了它的实际应用。MTT的等离子体无人机在飞行过程中发动机提供了3.2 N的力，仅使无人机上升了约0.47 m。等离子体无人机短期内虽无法投入实际应用，但为未来无人机动力系统的发展提供了一种可行的思路。

图7–2 MIT等离子体无人机

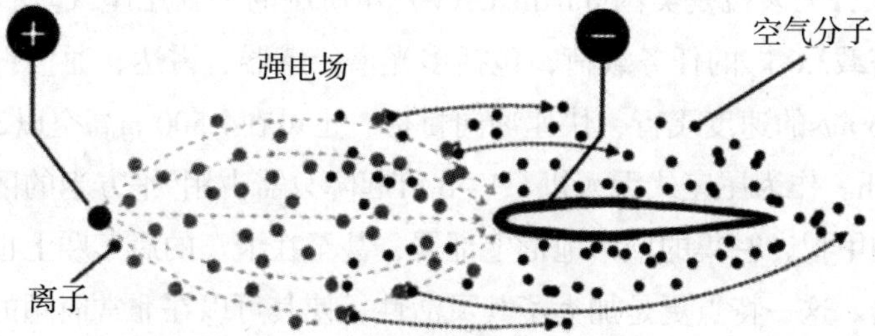

图7–3　等离子发动机原理图

7.3.3　垂直起降无人机

垂直起降无人机又称垂直起降固定翼无人机，是指具有固定机翼，又能够实现垂直起降的无人机。传统的可以垂直起降的无人机主要包括无人直升机和多旋翼无人机，它们都是靠螺旋桨升力直接克服无人机自身重力实现飞行的。虽然起降便捷，但能耗很高，续航时间较短，飞行速度较低，航程较近。固定翼无人机升力来源于机翼，续航时间较长，飞行速度较快，航程也较长，但不能垂直起飞和降落。垂直起降无人机结合了旋翼机可垂直起降的功能和固定翼无人机飞行性能的优势，既能够实现良好的飞行效率，又降低了对起降场地的依赖性，引起各国的重视。垂直起降无人机根据整体构型的不同，可分为尾座式无人机、平稳过渡型无人机和倾转旋翼无人机等。

7.3.3.1　尾座式无人机

尾座式无人机是一种以机头向上、机尾向下的方式实现垂直起降的无人机，起飞后通过整机的倾转进入平飞阶段。这种形式无须倾转机构，结构简单，可靠性高，使用和维护更加方便，但起降阶段迎风面积较大，抗风性差。

V-BAT无人机是美国Martin UAV公司研制的一款尾座式垂直起降无人机，可搭载3.6 kg的任务载荷，包括多光谱传感器、雷达、通信设备等。可以最高46 m/s的速度飞行，快速冲向目标，也可在4 500 m高空以23 m/s的速度巡航8 h。作为尾座式无人机，V-BAT起降只需占用9平方米的区域，可以在紧凑型甲板、密集的城市地形上部署，甚至在卡车的后车厢上也可实现稳定的着陆。这一特点更是加大了其灵活性，使其可以在非常简陋的条件下执行任务，极大地提高了使用效能。

7.3.3.2 倾转旋翼无人机

倾转旋翼无人机是通过改变旋翼的朝向来进行垂直起降和水平飞行之间过渡的一类垂直起降无人机。当旋翼朝上时，无人机实现垂直起降功能；当旋翼倾转至朝前时，则进入平飞阶段。倾转旋翼无人机只需使用一台发动机，且飞行过程中机身始终保持水平，因而得到较为广泛的应用。然而，不可忽视的是，由于倾转机构的存在，倾转旋翼无人机结构复杂，倾转过渡阶段飞行规律难以把握，控制难度大。“鹰眼”无人机是美国贝尔公司研发的一款倾转旋翼无人机。安装在机身中部的一台发动机通过传动装置驱动位于翼尖的两个可倾转旋翼。“鹰眼”无人机可携带90 kg的任务载荷，最大飞行速度达370 km/h，续航时间达5.5 h，是一种高效无人机。贝尔公司曾为美国海岸警卫队提供“鹰眼”无人机，每艘近岸巡逻执法舰上可部署4架“鹰眼”无人机。它们可以灵活地执行海事巡逻任务，进行实时监视和情报搜索，使得美国海岸警卫队能对缉毒、缉私等边境安全任务做出及时反应。

7.3.3.3 平稳过渡型无人机

平稳过渡型无人机拥有两套独立的动力系统，分别在起降阶段和平飞阶段使用，这样就能避免倾转机构和对应的控制方案设计的困难。与前两种相比，这种无人机具备更稳定的垂直起降能力和可靠的转换状态能力。北京航空航天大学研制的“疾风”无人机就是一种平稳过渡型无人机，垂直起降时通过电机驱动四个旋翼产生升力，而在平飞阶段转由微型涡轮喷气发动机提供动力。为减小无人机在平飞时旋翼和电机所产生的巨大阻力，设计开发了包覆式整流机构，使其能以300 km/h的速度飞行。“疾风”无人机具有对起降场地要求较小和固定翼飞机较大的飞行速度与航程的两大优势，可以满足非航母作战平台的应用场景要求。

7.3.4　跨介质无人机

跨介质无人机又称潜射无人机，是指既可完成水下潜航，又能进行空中飞行的新概念特种无人飞行器。它既具备潜航器的隐蔽性优势，又具备无人机的速度优势，因而可以获取大量的空中，水上、水下信息，针对敌方防御体系弱点，综合利用空中和水下的突防手段，具有高效突防打击能力和多任务能力。跨介质无人机虽可集中水下和空中两种平台的优势，但由于水和空气的物理性质有很大的差别（水的密度约为空气的800倍，黏性系数约为空气的59倍），跨介质无人机又需要兼顾潜航和空中飞行的性能，因而在设计上难度很大。通常，变体技术是跨介质无人机解决这一问题的有效手段。

XFC无人机是美国的一款机翼折叠、由燃料电池驱动，能够从潜艇上发射的情报监察无人机。2013年12月5日，美国海军成功进行了XFC无人机的试验，通过潜艇导弹发射筒将装载有XFC无人机的运载器发射到水面。运载器在收到指令后再将无人机垂直发射到空中。

近年来，随着相关技术的进步，跨介质无人机的研发关注度在提升，国外的相关研究在不断加速。相信在不久的将来，这类无人机即可投入使用，真正实现“上天入海”的作战构想。

7.3.5　高超声速无人机

高超声速无人机是指飞行速度在5倍声速以上的无人机。高超声速无人机因飞行速度快，机动性能好、实防能力强和能够远程精确打击的优势，具有重要的战略意义和极高的应用价值。

X-37B是美国研制的一款可重复使用的空天无人机，它采用了与航天飞机相似的翼身融合的升力体气动布局，可通过运载火箭发射，自主滑跑着陆。作为一款能够长期在轨的空天无人机，X-37B具有高速变轨机动能力，能够灵活覆盖作战区城，实现快速交会对接，拦截和目标摧毁。在轨期间，X-37B可进行一定的空间对抗活动，也可携带高超声速导弹等武器，实施天对地精确打击。当有需要时，X-37B可以快速再入，在25倍音速的环境下飞行，着陆后可以进行有效载荷更换，并再次发射。从2017年9月7日至2019年10月27日，X-37B在第5次试飞中持续飞行了780天，前5次试飞共计飞行了2865天。2020年5月17日，X-37B再次发射升空，进行第6次试飞。

7.3.6 超长航时无人机

无人机的持久滞空能力具备明显的应用价值，超长航时无人机也受到各国的密切关注。超长航时无人机凭借其滞空时间优势，可代替卫星或大型飞机执行灾区通信中继等长时间不间断的任务，也可覆盖更大的面积，执行海面监视、森林防火等任务。更长的航时也意味着执行任务所需的架次更少，相应的设备、人员、运输和维护成本也大幅减少。

目前而言，超长航时无人机的研制已有了初步的成果。美国Vanilla Unmanned公司研制的VA001超长航时无人机于2017年10月完成了连续飞行121小时24分钟的试飞，创下了同类型无人机续航时间的世界纪录。VA001无人机能成功打破世界纪录，与它独特的设计密不可分。VA001采用小车牵引起飞方式，去掉了传统的起落架，因而减去了起落架的重量和其产生的气动阻力；大展弦比机翼减小了诱导阻力，提高了开阻比，尾推式螺旋桨也提高了动力系统的效率。

7.3.7　火星无人机

2020年7月30日，美国发射了“毅力”号火星车。与以往的火星探测任务不同的是，此次的火星车搭载了一架小型火星无人直升机——“小机灵”无人机。“小机灵”无人机仅重1.8 kg，高0.5 m，由两个反向旋转、直径1.2 m的旋翼提供升力，平飞速度为10 m/s，爬升速度为3 m/s。较之只能在火星陆面行驶的火星车，“小机灵”无人机可以更加灵活地对火星表面进行空中侦察，更快地前往目标，并且可以从空中为火星车规划最佳行进路线。“小机灵”无人机搭载了一个彩色相机和一个黑白相机，可以拍摄清晰的火星表面照片，分排率约为轨道卫星图像的10倍。火星无人机提供了轨道卫星和火星车都无法提供的独特视角，使得火星车没有任何监控死角，提高了火星探测的效率。一旦“小机灵”无人机在此次任务中飞行成功，它将成为首架在其他行星上飞行的可控无人机，未来火星探测也将增加火星车与无人机协同工作的全新方式。

参考文献

[1]（俄）Chingiz Hajiyev，（土）Halil Ersin Soken，（土）Sitki.低成本无人机状态估计与控制[M].北京：国防工业出版社，2021.

[2]（美）法尔斯特伦（Fahlstrom，P.G），（美）格里森（Gleas，T.J.）；郭正等译.无人机系统导论[M].4版.北京：国防工业出版社，2020.

[3]（美）基蒙·P.瓦拉瓦尼斯，乔治·J.瓦克塞万诺斯；樊邦奎译.无人机手册 第1卷[M].北京：国防工业出版社，2020.

[4]（美）基蒙·P.瓦拉瓦尼斯，乔治·J.瓦克塞万诺斯；姜梁，闫玉译.无人机手册 第5卷[M].北京：国防工业出版社，2020.

[5]本书编委会.无人机导航定位技术[M].北京：航空工业出版社，2020.

[6]蔡志洲.小微型无人机应用环境保护和水土保护[M].北京：高等教育出版社，2017.

[7]陈金良.无人机飞行防相撞技术[M].西安：西北工业大学出版社，2018.

[8]陈昨.无人机集群无线自组织网络[M].西安：西北工业大学出版社，2020.

[9]程多祥.无人机移动测量数据快速获取与处理[M].北京：测绘出版社，2015.

[10]邓涛.无人机简史[M].北京：机械工业出版社，2018.

[11]段连飞，黄国满.无人机载SAR图像信息提取技术[M].西安：西北工业大学出版社，2016.

[12]段延松.无人机测绘生产[M].武汉：武汉大学出版社，2019.

[13]冯登超.低空安全与无人机系统导论[M].天津：天津大学出版社，2019.

[14]符长青，符晓勤，曹兵.5G网联无人机[M].西安：西北工业大学出版社，2020.

[15]官建军，李建明，苟胜国，等.无人机遥感测绘技术及应用[M].西安：西北工业大学出版社，2018.

[16]瀚鼎文化工作室.百科图解无人机[M].北京：航空工业出版社，2017.

[17]何景武，谢长川.无人机结构设计[M].北京：北京航空航天大学出版社，2021.

[18]何雄奎.植保无人机与施药技术[M].西安：西北工业大学出版社，2019.

[19]黄海峰.地质灾害防治中的小型无人机应用方法与实践[M].北京：科学出版社，2020.

[20]黄智刚，郑帅勇.无人机通信与导航[M].北京：北京航空航天大学出版社，2020.

[21]贾恒旦，郭彪.无人机技术概论[M].北京：机械工业出版社，2018.

[22]李从利，沈延安，韦哲，等.无人机图像去云技术[M].北京：国防工业出版社，2020.

[23]李发致.无人机应用概论[M].北京：高等教育出版社，2018.

[24]李立，曹晟源，陈雷.大疆无人机全球科技先锋的发展逻辑[M].北京：中国友谊出版公司，2017.

[25]刘军.无人机[M].天津：天津科学技术出版社，2018.

[26]刘沛清，陆维爽.无人机总体气动设计[M].北京：北京航空航天大学出版社，2020.09.

[27]罗亮生，徐华滨.无人机航拍技术[M].北京：中国民航出版社，2018.

[28]吕红军，张慧娟，魏采用.宁夏无人机遥感监测理论与实践[M].银川：宁夏人民教育出版社，2018.

[29]吕建涛，苏建平，蒋志超.无人机摄影测量[M].郑州：黄河水利出版社，2021.

[30]牟健为.无人机航空摄影教程[M].北京：中国摄影出版社，2017.

[31]浦黄忠，朱莉凯.无人机结构与系统[M].北京：航空工业出版社，2020.

[32]全广军，康习军，张朝辉.无人机及其测绘技术新探索[M].长春：吉林科学技术出版社，2019.

[33]石磊，夏季风.无人机地面站与任务规划[M].西安：西北工业大学出版社，2021.

[34]宋建堂.无人机法律法规与安全飞行[M].北京：机械工业出版社，2019.

[35]孙明权.无人机飞行安全及法律法规[M].西安：西北工业大学出版社，2018.

[36]孙毅.无人机驾驶员航空知识手册[M].北京：中国民航出版社，2014.

[37]孙永生，崔宇.无人机安防应用技术教程基础篇[M].北京：中国人民公安大学出版社，2018.

[38]孙永生，罗颖.无人机安防应用技术教程提高篇[M].北京：中国人民公安大学出版社，2019.

[39]谭建豪，王耀南.旋翼无人机的建模、规划和控制[M].长沙：湖南大学出版社，2019.

[40]唐及科得.飞手是怎样炼成的从精灵3、御2到悟2 我的无人机航拍成长史[M].北京：中国铁道出版社，2020.

[41]万刚等.无人机测绘技术及应用[M].北京：测绘出版社，2015.

[42]汪建沃，刘杰，苏彪等.水稻全程植保无人机飞防作业200问[M].长沙：中南大学出版社，2017.

[43]王宝昌.无人机航拍技术无人机应用技术[M].西安：西北工业大学出版社，2017.

[44]吴铁峰.无人机测量系统及其数据处理技术研究[M].长春：吉林大学出版社，2018.

[45]亚瑟·霍兰德·米歇尔.无人机天空之眼的当下与未来[M].北京：中

信出版社，2021.

[46]杨浩.城堡里学无人机原理、系统与实现[M].北京：机械工业出版社，2017.

[47]杨苡，戴长靖，孙俊田.无人机操控技术全彩图解[M].北京：机械工业出版社，2020.

[48]杨宇，孔祥蕊.无人机结构与操作[M].北京：化学工业出版社，2020.

[49]于坤林，陈文贵.无人机结构与系统[M].西安：西北工业大学出版社，2016.

[50]于明清，司维钊.无人机飞行控制技术[M].西安：西北工业大学出版社，2018.

[51]张胜逊，戴伟军.无人机综合应用[M].武汉：华中科技大学出版社，2020.

[52]张月义.无人机结构与原理[M].西安：西北工业大学出版社，2020.

[53]（法）雅斯米娜·贝索伊·塞班；祝小平，周洲，何其之，王飞译.智能自主无人机[M].北京：机械工业出版社，2020.

